国家级一流本科专业建设成果教材

普通高等教育新工科人才培养系列教材

材料成型及控制工程专业导论

董选普　刘鑫旺　高鹏毅　编

周华民　审

化学工业出版社

·北京·

内容简介

本书为国家级一流本科专业建设成果教材,全书共 6 章:总论主要介绍了材料成型及控制工程专业演变简史、专业特点、专业要求等;第 1 章主要介绍了工程素养基础知识和工程师的能力要求;第 2 章主要介绍了工程材料发展简史及基础认知;第 3 章主要介绍了传统材料加工铸造、锻造、焊接的简要历史进程、简要技术基础、主要特点及最新发展;第 4 章主要介绍了切削加工的历史进程和基础知识,简要介绍了激光加工、增材制造以及机器人技术等的最新发展;第 5 章简要介绍了材料成型及控制工程专业涉及的电工电子的基础知识。

全书可供高等院校材料成型及控制工程专业及相关专业的学生作为教材使用,也可供其他专业的学生阅读参考。

图书在版编目(CIP)数据

材料成型及控制工程专业导论 / 董选普,刘鑫旺,高鹏毅编. -- 北京:化学工业出版社,2024. 10.
(国家级一流本科专业建设成果教材). -- ISBN 978-7-122-46405-7

Ⅰ. TB3

中国国家版本馆 CIP 数据核字第 2024XZ4421 号

责任编辑:陶艳玲　　　　　　　　文字编辑:张亿鑫
责任校对:宋　夏　　　　　　　　装帧设计:刘丽华

出版发行:化学工业出版社
　　　　　(北京市东城区青年湖南街 13 号　邮政编码 100011)
印　　装:大厂回族自治县聚鑫印刷有限责任公司
787mm×1092mm　1/16　印张 14½　字数 331 千字
2025 年 2 月北京第 1 版第 1 次印刷

购书咨询:010-64518888　　　　售后服务:010-64518899
网　　址:http://www.cip.com.cn
凡购买本书,如有缺损质量问题,本社销售中心负责调换。

定　　价:48.00 元

前言

中国从恢复高考至今已有四十七年，已经有了全球最大规模的高等教育。高等教育的快速发展，为我国培养了大量的各类人才，是中国社会发展和经济腾飞的最大动力。教育的快速发展也存在各种不尽如人意的情况，譬如多年前，国内教育界对当时大学生的"人文素质"的缺失提出了批评，促使大学通过开设人文讲座、人文选修课等措施，使大学生的人文素质得以改善和提高。再譬如，某些部分传统专业大学新生的专业思想问题，似乎是历年各高校要面对的事情。由于对专业的一知半解或某些偏见误导，少数大学生会有换专业甚至退学重新参加高考的念头。大学教育到底应该教什么？怎么教？各科有各科的说法。笔者认为两类基本素养和一个基础认知必不可缺，那就是人文素养、工程素养和专业基础认知。通俗地比喻，人文素养让人"养眼"，宋诗有"腹有诗书气自华"；工程素养让人"养胆"，人们常说"艺高人胆大"；专业基础认知就是解决大学新生或对本专业不熟悉人员的"灵魂三问"之钥匙。

本书是华中科技大学教学项目的成果延伸，对材料成型与控制专业所涉及的专业知识或相关联内容做了综合概括，对相关金属加工成型领域古今中外的工程类相关成果，以图示的方式系统进行了展示和描述。以简要图示的方式进行编撰也是该类书籍编写的新尝试，对于材料成型及控制专业的大学生或非工科的大学生均具有较好的阅读性和易理解性，力求做到通俗易懂，力争专业认知和工程认知两不误。

本书的主要内容有6章。总论及第1～3章由董选普教授编写，罗云华副教授参与了第3.2节的部分编写，主要介绍了材料成型及控制专业概况、工程素养的基本概念，工程材料的大历史脉络，金属成型的基本认知内容；第4章由董选普教授和刘鑫旺教授共同编写，主要介绍了传统金属加工和现代先进加工技术的基本内容；第5章由高鹏毅高级工程师编写，简要介绍了材料加工涉及的电子电工的基础知识。全书由董选普教授统稿及整理，周华民教授审。

由于本书是教科书，对于经典的理论、最新的成果、实际生产中的新老例证本书都有所收录。感谢华中科技大学材料科学与工程学院廖敦明教授、张祥林教授、曹华堂教授的支持，以及工程创新中心的李华飞博士、吴志超博士、宋皎皎高级工程师、朱旗高级工程师、吴亚环工程师对本书编写过程中的支持。

本书的完成是个新尝试，作者心中不免忐忑。本书涉及知识面较广，内容繁多，编者水平有限，书中难免有不当之处，敬请读者批评指正。

编者
2024年4月于武汉喻园

目录

2
工程材料认知

016 ——————

3
材料成型技术

045 ——————

4
切削加工技术

140

5
电工电子技术

175

参 考 文 献

222

0 总论

0.1 材料成型及控制工程专业演变简史

材料成型及控制工程专业到底是一个什么类型的专业？不仅很多学生不清楚，可能连不少老师都比较模糊。

材料成型及控制工程专业简称"材控"专业，教育部 2024 年颁布的《普通高等学校本科专业目录》中第 307 条写得很清楚，学科门类为"工学"，专业类为"机械类"，学科代码为"080203"，专业名称为"材料成型及控制工程"。

1998 年国家实施专业调整以来，不断探索"宽口径、厚基础、高素质、复合型"人才培养模式，实施机械大类下的材控专业人才培养计划。普通高等学校本科专业目录新旧专业对照表（1998）中显示，材料成型及控制工程（080302）由金属材料与热处理（部分）（080204）、热加工工艺及设备（080302）、铸造（部分）（080303）、塑性成形工艺及设备（080304）和焊接工艺及设备（部分）（080305）合并而来。

2012 年，普通高等学校本科专业目录新旧专业对照表中材料成型及控制工程专业代码由 080302 调整为 080203。

2020 年 2 月，在教育部发布的《普通高等学校本科专业目录（2020 年版）》中，材料成型及控制工程专业隶属于工学、机械类（0802），专业代码：080203。因此，"材控"专业的前身是铸、锻、焊，人们不会感到陌生。

由于铸造、锻压、焊接三个热加工专业非常古老和传统，部分人对这些专业的印象比较模糊。说到铸造，想到的似乎是工作在破旧铸造车间里的翻砂工；说到锻压，想到的似乎是拿着大锤的打铁匠；说到焊接，想到的似乎是戴着面罩、拿着焊枪的电焊工。在科学技术飞速发展的今天，如果你还是这样看待传统专业，那应该要补补课了。

那么，实际情况是怎样的呢？现代材料成型及控制工程专业是一个融合了材料科学、机械工程、控制理论等多个学科的综合性专业，是一门交叉学科。它要求学生在掌握材料基础知识的同时，还需具备成型工艺、设备控制等多方面的知识和技能。这种跨学科的特性使该专业的学生在解决实际问题时具有更广阔的视野和更强的综合能力，从而也有更加广阔的实践空间。

生活中你随手拿起一样东西，都可能和这个专业有关。你喝水的时候，用的漂亮塑料杯子是使用模具注塑成型的；你吃饭的时候，用的各色精致的不锈钢餐具，有可能是冲压成型的；你坐车的时候，汽车车身是冲压后焊接起来的，新能源车的车身、所有小轿车的漂亮轮子绝大多数都是铸造出来的；你在房间里舒适地享受空调的凉爽，其制冷系统的核心零部件和美观的外壳的模具基本上都是铸造、锻造出来的。

再来看看大的方面：曾几何时，我国电力非常紧张，日常生活中遭遇停电是非常正常也是很无奈的事情。但是现在很少停电，原因是我国发电能力的快速增长，新能源和清洁能源已经弥补了原来单一火电来源，其核心的进步之一是大型发电机转子技术的突破，重达几十吨的发电机转子现在中国自己可以铸造。我国近十几年国防建设快速进步，海军舰船"下饺子"、空军的先进飞机年年出新品。如图 0-1 所示，飞机的关键部件之一——钛合金"眼镜架"（机身隔框），以前完全靠进口，20 世纪八九十年代，西方国家在这个零件上卡脖子，导致我国"运-10"飞机的研制昙花一现，黯然下马。2008 年，中国成功研发了八万吨特大型压力机，钛合金"眼镜架"等大型特种金属构件自己可以锻造了！到目前为止，几乎所有的现代战机上的关键零部件都实现了自己制造，突破了西方的封锁。所有轮船的发动机核心零部件离不开锻造、铸造……，所有轮船、航空母舰等各类大型舰船船体成型都离不开焊接……

中国为什么被称为"基建狂魔"？其重要的学科基础之一就是材料成型及控制工程。

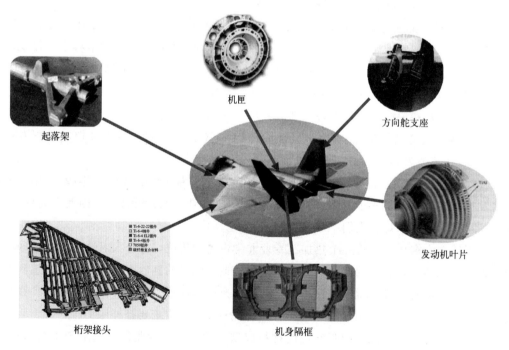

图 0-1　先进战斗机的关键零部件

0.2 材料成型及控制工程的专业优势

0.2.1 材料加工技术先进

材料成型及控制工程专业拥有一系列先进的材料加工技术。这些技术包括精密铸造、粉末冶金、精密塑性加工、焊接（包括激光焊接）、注塑等，能够处理各类材料成型问题，从而满足现代工业对高性能、高精度、高可靠性产品的需求。这些先进的加工技术不仅提高了材料的利用率，也促进了工业生产效率的提升。

成型过程控制的精准性是材料成型及控制工程专业的核心优势之一。通过采用先进的计算机控制技术、传感器技术和自动化技术，能够实现对成型过程的精确控制，从而确保产品质量和生产效率。这种精准控制不仅有助于减少生产中的浪费，也能够提升产品的市场竞争力。

0.2.2 工程应用广泛

材料成型及控制工程专业的应用领域非常广泛，涉及汽车、机械、电子、航空航天、建筑等多个行业。无论是传统的工业制造，还是新兴的科技领域，都需要用到材料成型及控制工程的专业知识。因此，该专业的学生具有广泛的就业选择和发展空间。

材料成型及控制工程在现代工业体系中占据核心地位。无论是航空航天、汽车制造、造船业，还是电子信息、新能源等高新技术领域，都离不开成型技术及其控制。在众多的综合性国家大工程的建设中，材料成型及控制工程专业的重要性不言而喻，有相当多的核心技术和卡脖子工程都堵在了材料成型和控制领域。譬如，三峡工程中的水电大型涡轮的制造，在三峡工程的设计和建设初期还依赖于进口，价格昂贵，受制于人。为了解决这个卡脖子工程，国家在"十五"时期组织力量攻关，成功制造出自己的大型水电机用涡轮（图 0-2），使得进口产品的价格下跌到了原价格的五分之一左右，关键是我们的脖子松开了，可以理直气壮地高歌猛进。

图 0-2 清洁能源发电机关键零部件

0.2.3 创新研发能力强

随着科技的发展，材料成型及控制工程也在不断进行创新研发。该专业的学生不仅需要掌握扎实的理论知识，还需要具备较强的创新能力和研发能力。通过不断研究新材料、新工艺和新技术，为工业的发展提供源源不断的动力。

首先是材料方面的知识，必须掌握材料的基本性质，如力学性能、物理性能、化学性能等；还应熟悉各种常用材料如金属、塑料、陶瓷等的特性、应用及局限性；此外，对材料的加工工艺、热处理技术及其对材料性能的影响也应有深入的理解。材料成型及控制工程专业注重培养学生的实践能力和创新能力，通过理论与实践相结合的教学方式，使学生掌握扎实的专业知识和技能。同时，该专业还注重培养学生的综合素质和国际视野，使其能够适应未来社会的发展需求。

其次是成型加工方面的原理，应熟悉并掌握各种成型工艺的原理、特点及应用，如铸造、锻造、焊接、机械加工以及最新的特种加工技术等；还需要了解这些工艺中涉及的物理和化学变化，以及如何通过控制工艺参数来优化成型效果。在现代社会，节能环保已经成为工业生产的重要目标。材料成型及控制工程专业通过采用先进的工艺技术和设备，能够有效降低生产过程中的能耗和污染排放，从而实现绿色生产。这不仅有助于企业的可持续发展，也符合社会对环保的要求。

最后还需要对控制工程深入了解，这也是材料成型过程中的关键环节，应熟悉控制工程的基本原理，如电工电子基础、自动控制和过程控制，以及铸造、锻造、焊接过程的数字仿真和模拟（图 0-3）等；还应掌握现代控制技术，如 PLC 编程、自动化生产线控制等，以确保成型过程的稳定性与高效性。

所以，本书别出心裁，在介绍基本的铸、锻、焊、激光加工、3D 打印以及切削加工等内容之外，还对常用电工电子、控制原理等基础知识做了必要描述，帮助初学者建立起必要的知识构架。

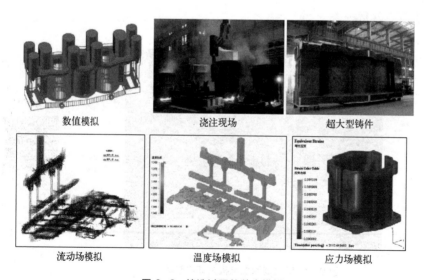

数值模拟　　　　　　　浇注现场　　　　　　　超大型铸件

流动场模拟　　　　　　温度场模拟　　　　　　应力场模拟

图 0-3　铸造过程的数字模拟

0.2.4 跨学科融合优势

材料成型及控制工程专业具有较强的跨学科融合优势。它与材料科学、机械工程、控制工程等多个学科紧密相关，能够实现学科之间的交叉融合和优势互补。这种跨学科融合不仅有助于拓宽学生的知识面，也能够培养出更多具有创新精神和实践能力的高素质人才。

学科交叉特性是材料成型及控制工程专业的一个非常重要的特色，当我们研制出一种功能材料以后，如果没有成型及控制方面的专业知识，就无法将其转化为切实可用的器件，而现代先进器件和装备哪一个离得了声光电呢？因此，它不仅是机械和材料的交叉，也和电子电气、光电等学科有很多融合。性能再好的材料，如果没法使用，那和废品有何区别？可见材料成型及控制技术确实不容小觑。当然从环境保护的角度来看，这个世界是没有废品的，有的是放错了位置的资源。

材料成型具备"大行业"背景。材料成型及控制工程专业在我国发展时间比较长，学科建设也比较成熟。它拓展于几个传统机械学中的专业，主要侧重于机械加工方面。但随着近年来材料科学、控制理论、智能技术等学科的发展，材料成型及控制已经远远超出机械加工范畴，逐渐形成一个完整体系，涵盖先进材料、先进成型工艺创新、模具技术、成型过程模拟四大领域，涉及几十个技术门类，面向航空航天、船舶、机械、能源等重要行业，其关系如图 0-4 所示。其学科门类包括材料加工的基础理论知识，对材料成型的形状控制、组织结构控制、性能控制和生产过程控制，模具计算机设计及制造，材料成型计算机仿真与智能控制，以及新材料、新产品工艺的开发等等。

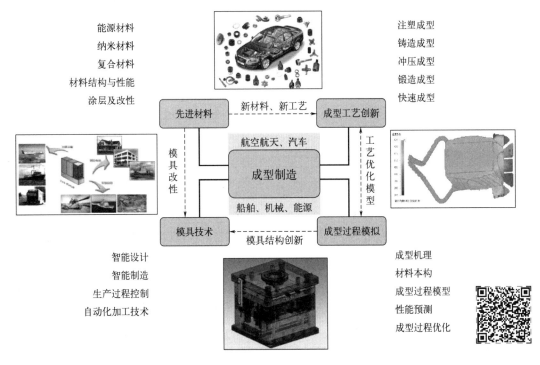

图 0-4 材料成型及控制工程专业范畴

在整个工业生产的过程中，材料成型及控制工程专业处于重要的基础环节。其他行业如汽车制造、家电、轻工等的发展，推动了我国材料成型行业的进步。例如我国汽车生产线的飞速发展，尤其是新能源车的后来居上，为我国生产配套成型部件提供了大量的机会。由于这些新型产品对零部件的质量要求越来越高，因此也从外部促进了材料成型制造行业的技术水平迅速发展。可以看到，材料成型与控制行业不是一个独立产业，要依靠其他行业需求的带动，但同时，材料成型行业技术的提高又为其他行业的发展提供了基础动力。

有非常浓厚的人文历史底蕴。与其他专业不同的是，材料成型及控制工程具有非常厚重的历史感、鲜明的人文特色和独特的艺术美感。该专业在漫长的历史发展中诞生了许多典故，也衍生出许多耳熟能详的成语，譬如"铸山煮海""铸成大错""趁热打铁""百炼成钢"等；还凝练出许多精辟的词语和警句，譬如"模范""真金不怕火炼"等。

0.3 材料成型及控制工程的专业要求

0.3.1 专业知识要求及其主要课程

材料成型及控制工程专业的主要课程内容有哪些？本专业秉承"宽口径、厚基础、高素质、复合型"人才培养模式，实施机械大类下的材料成型及控制工程专业人才培养计划。在"机械大类平台课程"基础上，可以开设特色的专业主干课程［材料成型理论基础、材料加工工程、材料成型装备及自动化、模具计算机辅助设计（CAD）］和专业方向模块课（铸造方向、塑性加工与模具方向、焊接方向、3D打印技术方向等）及众多专业选修课。其主要知识要求和主要课程分布见表 0-1，课程内容非常丰富、涵盖面很广。

表 0-1 材料成型及控制工程专业知识要求及主要课程设计

知识要求	课程目标	主要课程
人文社科基础知识	具有丰富宽广的人文社科知识以及一定的市场经济和管理知识	中国语文、中国近代史纲要、思想道德修养与法律基础、形势与政策、马克思主义基本原理、毛泽东思想与中国特色社会主义理论概论
自然科学基础知识	掌握系统的数学、物理和化学等自然科学基础知识	高等数学、工程数学、大学物理、大学化学
工程基础知识和专业基础理论知识	掌握扎实的工程基础知识和专业基础理论知识	理论力学、材料力学、材料加工传输原理、电子电工技术、自动控制原理、机械设计基础、材料科学基础、材料成型基础、材料科学概论、机械原理、互换性与技术测量
专业发展现状和前沿知识	掌握本领域最新的设计理论和先进成型技术，熟悉材料成型技术的发展方向	学科概论、金属材料及热处理、材料成型理论基础、材料加工工程、材料成型装备与自动化、激光加工技术、机器人基础
专业方向特色知识	掌握材料成型及控制工程专业方向特色课程中的基本原理、工艺和设备方面的知识	3D打印原理及应用、3D测量技术与逆向设计、CAD/CAE(计算机辅助工程)技术应用、数控技术、特种铸造、先进材料及熔炼、铸造CAE及模具技术、精密模锻、冲压工艺与模具设计、焊接结构及焊接电源
实践能力和创新能力知识	具有专业基本技能及应用能力,具有创新能力、自主学习能力	物理实验、工程训练(含金工实习)、生产实习、课程设计、毕业设计

本专业的目标是培养系统掌握材料成型及控制工程专业基础理论及应用知识，能够从事材料成型及质量控制、模具技术及计算机应用等方面的科学研究、技术开发、设计制造、企业管理等工作，具有国际视野、能适应社会经济发展需求、富有创新精神的高素质复合型人才。毕业后经过努力和磨炼，能够逐步成长为社会的领军人物。

从某高校材料成型及控制工程专业大学四年开设的课程（图 0-5）可以看出，一名材料成型及控制工程专业的大学生，经过四年的学习，能够全面掌握材料科学与工程的基础知识，能够深入了解和熟悉成型工艺、控制理论、模拟仿真、性能测试、自动化与智能化、质量控制与创新设计等方面的知识和技术。只有这样，才能适应快速发展的制造业需求，成为具备高度专业素养和实践能力的复合型人才。

学期	第一学年		第二学年		第三学年		第四学年	
	第一学期	第二学期	第三学期	第四学期	第五学期	第六学期	第七学期	第八学期
素质教育通识课程		思想道德修养与法律基础	人文社科类选修课程(指定选修艺术类课程2学分)					
	中国语文	中国近代史纲要	马克思主义基本原理	毛泽东思想和中国特色社会主义理论体系概论	形势与政策	形势与政策	形势与政策	
	大学体育(一) 综合英语(一) C++面向对象程序设计与实践	大学体育(二) 综合英语(二) 军事理论	大学体育(三)	大学体育(四)			材料成型模拟综合实验 快速成型与快速制模综合实验	
学科大类基础课程	微积分(一)上	微积分(一)下	复变函数与积分变换	材料力学(二)	机械设计	模具CAD 有限元基础	造型材料 合金材料及熔炼	毕业设计(论文)
	工程制图(三)上	工程制图(三)下	概率论与数理统计(三)	工程力学实验	工程测试技术	有限差分基础 材料表面工程	冲压工艺与模具设计 塑料成型工艺与模具设计 焊接结构	
		线性代数(一)	理论力学	模拟电子技术(三)	流体力学(一)	管理与工业工程	焊接电源	
		大学物理(一)	大学物理(二)	机械原理	工程测试技术实验(一)	模具材料及强化技术	3D打印技术及应用 3D测量技术与逆向设计	
		物理实验(一)	物理实验(二) 数据结构与数据库	机械制造技术基础 工程控制基础	数字电路 微机原理	激光加工技术 新材料概论	精密锻锻 铸造CAD/CAE与模具技术 数控技术 数据结构	
				工程控制实验(一)	工程热学	材料紧密成型综合实验		
专业核心课程		学科(专业)概论			金属学与热处理	材料成型理论基础 材料加工工程 材料成型装备及自动化	模具制造工艺 铸造企业管理及ERP技术	
专业选修课程		工程化学	专业选修课(20.75学分,限选课10.5学分+从4个专业模块任选一组修完4个学分的课程,然后在其他3个模块和一般选修课内另修至少6.25学分的选修课程)		液压传动 CAD技术基础 材料制备及组织性能综合实验 材料工程检测与控制系统综合实验		冷挤压成型工艺及模具设计 汽车覆盖件模具CAD/CAE应用技术	
实践环节		军事训练	金工实习	电工实习 专业社会实践	机械基础 工程训练	工程专题 生产实习	公益劳动 专业课程设计	

图 0-5　某高校材料成型及控制工程专业课程体系

0.3.2　毕业生的专业能力和素质要求

材料成型及控制工程专业的毕业生应具备什么样的能力和素质？从现代制造领域来说，成型和控制离不了装备，工程和制造离不开管理，品质和发展离不开创新。

他们需要熟悉设备的结构、功能及操作规程，并能对常见的设备故障进行快速诊断和处理。此外，还应了解设备的预防性维护措施，以确保设备的长期稳定运行。在工程项目中，有效的项目管理是确保项目顺利进行的关键。他们应掌握项目管理的基础知识和方法，如项目计划制订、进度控制、成本管理等。他们还应了解团队合作的重要性，并具备一定的项目协调能力。

他们应熟悉各种质量控制方法，应了解质量标准和检验方法，以确保产品质量符合客户要求。

他们应具备创新意识，能够关注行业动态和技术发展趋势，并尝试将新技术、新工艺应用于实际工作中。此外，还应具备一定的科研能力，能够参与新技术、新工艺的研发工作。

作为国家建设人才，他们不仅要志存高远，更要脚踏实地。所谓志存高远就是要有正确而明确的目标，要树立远大的理想。所谓脚踏实地就是要有坚定的意志，勤奋、刻苦、拼搏的工作精神。坊间一直风传着一个著名的哈佛报告的故事，故事梗概如下。

有一年，一群意气风发的天之骄子从哈佛大学毕业了，他们的智力、学历、环境条件都相差无几，哈佛大学对他们进行了关于人生目标的调查，结果是：27%没有目标；60%目标模糊；10%有清晰但比较短期的目标；3%有清晰而长远的目标。

25年后，哈佛大学再次对这群学生进行了调查，结果是：3%的人，25年间他们朝着一个方向不懈努力，成为社会各界的成功之士，其中不乏行业领袖、社会精英；10%的人短期目标不断实现，成为各个领域中的专业人士，生活在社会的中上层；60%的人，安稳地生活与工作，但都没有特别突出的成绩，生活在社会的中下层；剩下27%的人，他们的生活没有目标，过得很不如意，并且常常埋怨他人、抱怨社会、抱怨这个"不肯给他们机会"的世界。

其实，他们之间的差别仅仅在于25年前的目标，他们中的一些人知道自己的目标，并能够认真规划从而不折不挠。而另外一些人则不清楚或不很清楚自己的目标。

以上各项能力和素养的综合，就应该是一名杰出工程师的能力和素养，体现大国工匠的匠心精神。

在全球化的背景下，随着中国制造业的转型升级和新技术新产业的不断涌现和壮大，材料成型及控制工程专业的就业前景越来越广阔，无论是在传统的制造业领域，还是在新兴的科技领域，都离不开该专业的知识和技能。随着国家对于制造业和创新研发的重视和支持，材料成型及控制工程专业前途不可限量。

1

工程素养基础

从 20 世纪 80 年代开始至今四十多年来，我国高等教育发展迅速，成绩斐然，为国家经济建设培养了大量的建设和管理人才。目前我国有两千多所工科院校，在抓好专业教学的同时，一直强调人文素质教育，这对提高大学生的人文素质起到了较好的效果。但是同时缺乏另一基本素质，即"工程素养"。一般工科专业老师会认为学了工科专业，就有了工程素养。实际上，这是一种想当然，是一种错觉。工程素养是人的一种修养，是基础知识和基本专业技能甚至是生活技能的一部分。而专业知识是针对某一个工程方向的专门知识，是精进的知识。而现代社会工程门类很多，一个人不可能学完所有的专业门类，所以会导致大学生对于本专业似乎很专业，但是其他知识却很弱。从社会实际反馈的情况来看，这样的毕业生，创新能力是欠缺的，导致现在有相当的工科毕业生能背唐诗宋词，房间停电漏水时却束手无策。

工科学生加强人文素质教育是很有必要的，然而许多文科的学生似乎不太注重工程素养的学习和养成，不太涉猎科普性工程科学知识与理论的需求，这是应该特别注意的。

为了适应工程技术的飞速进步，我们的人才培养目标应该更加全面，应该强调未来人才的工程素养，应该提倡将"工程素养"和"人文素质"作为大学生的两大基本素质，强调"工程素养"的养成。

目前，工程实践与实验教学是高等教育改革的一个重要环节，通过实践与实验教学环节来加强工程素养教育，提高学生实践能力和综合工程素养。我国各类大学生，要改变学习理念，把工程认知能力、动手能力和创新能力的学习放在重要位置。

什么是工程素养？工程素养能起什么作用？为什么要进行工程认知能力的学习？哪些知识属于工程认知的范畴？本书的后续章节主要提供这些问题的答案。

1.1 工程素养

1.1.1 工程素养内涵

工程素养是新常态下人们生存与发展的一项基本技能，之前人们比较重视人文素养，而往往忽视工程素养。目前，工程素养的内涵尚未得到工程教育理论和实践界的统一界定，一般认为是工程技术人员或非工程技术人员所应具备的面向工程技术的基本素质和修养，即应具备基础学科知识、基础专业理论知识、初步专业技术及综合运用能力，技术工作的交流能力，工程技术文件的写作能力和表达能力。一个有工程素养的人，应该具备工程知识、工程能力、工程意识和工程伦理等要素（图1-1），应该具有工程系统的思维，知晓身边的工程技术及其来源，对工程知识、信息具有判断力，能以合理方式就工程问题进行沟通，对工程知识终身学习。

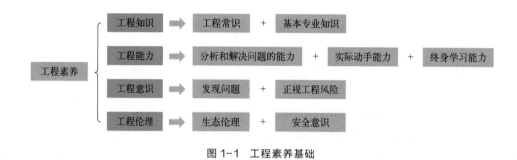

图1-1　工程素养基础

1.1.2　工程素养的重要性

自20世纪90年代以来，我国大多数的理工科院校成立了工程训练中心，投入了大量财力和人力，在工程实践教育方面取得了很大成绩，获得了全球教育界的称赞。

工程训练中心是以综合性为特点的工程实践性教学基地。它是根据对学生的培养要求，采用多样化工程集成的思想对各种工程生产技术进行精选，遵循教学规律，采用现代教育技术建立起来的一个实际工程环境。通过学生直接动手实践实现对工业生产各个环节的基本工艺的初步训练，对工程素养的初步培养，实现大工程系统的初步创立以及工程能力的初步锻炼，并形成从科目分科学习向工程实际结合，从知识积累向能力生成，从接受灌输向创新输出的初步转化。

教育部官方网站发布，截至2023年6月15日，全国高等学校共计3072所（未包含港澳台地区数据），其中，普通高等学校2820所［含本科院校1275所、高职（专科）院校1545所］，成人高等学校252所。工程教育最基础的一环就是提高全民的工程素养，尤其是当代大学生的工程素养。新时代，不仅是科技精英不断涌现的时代，也应该是公民素养大幅度提升的时代。对于以制造业为主体的中国，全民工程素养应该成为公民素养的重要组成部分。

1.2　工程师素养

1.2.1　工程师素养的概念

对于大部分的中国理工科大学生来说，毕业后的职业目标都是各行各业的工程师，甚至是卓越工程师、工程专家。那么工程师应该具备怎样的素养？美国著名代码大师马克斯·卡纳特-亚历山大（Max Kanat-Alexander）在 *Understanding Software* 中写道[1-2]：

在工程领域，每一个工程师都应该具备的精神是：我能够很好地处理所面临的问题！不论是怎样的问题，一定有解决的方法。这种解决方法是可知的，也是可行的。而唯一不去执行的原因就是所谓的缺乏资源。这种很好的处理方式应该具备一定的预见性。它要有能力处理一些未知的状况，甚至是不明确的行为。相对简单而又能够处理所有复杂情况的方案，就是好的解决方案。

而这里有很多不去很好处理问题的借口：

"我不知道该如何去做。"——通常来说，这只需要一些学习与探索的精神。

"团队不会支持这种做法。"——在一个团队中应该由有经验的工程师做出决定，而不是所有人共同做出决定。

"我现在很累/困/饿……"——请保持好的状态。

总之，你一定要坚定地相信自己能够很好地处理所面对的问题！

这段文字很好地说明了工程师的处事习惯和行事能力，用两个成语表达就是"求真务实""兢兢业业"。

1.2.2 工程师素养的内涵

"工程师"既指技术职务，也通常指具有工程师职务的人。因此可以理解为工程师就是在工程技术领域内，以生产中需要解决的比较复杂的技术问题为研究对象，应用自然科学的基本理论和规律，深入生产实践，不断解决问题并取得成功的那些人。以机械工程师为例，他们就是在机械工程技术领域内，以数学、物理学、化学，尤其是以数学、力学为主要武器，以生产中各种机械设备为研究对象，从事机械设计、机械制造、机械安装和设备管理工作，能够解决其中较为复杂的各种技术问题，并不断取得成功的那些人。没有工程师，科学就不能转化为技术、工艺方法、标准和规程，就不能转化为生产力。

工程师素养是指工程师应当具备的一些先天的特点和在后天实践中培养出来的优秀个性品质，如谦虚、善疑、谨慎、好奇等，最重要的是"求真"精神。

工程技术工作是探索性的劳动，工程技术工作极其复杂与艰苦，它需要工程师月复一月、年复一年废寝忘食地探索才能取得成果。

工程师的探索和研究经常会遇到失败，据有关资料介绍，工业应用科研任务的最终成功率只有 20%～30%。面对失败，工程师绝不灰心丧气、一蹶不振，他们从失败中寻找成功的因素，冷静、坚定、百折不挠、锲而不舍，朝着成功一步一步地逼近。

工程师在纷繁的技术问题面前，绝不敷衍了事、得过且过，而是精益求精！

工程师在解决工程问题时，也绝不会一味追求技术诀窍，不会不顾成本和经济性、有效性、环保性而去追求所谓的技术极致。

工程师从来不满足于已经掌握的知识和取得的成就，而是孜孜不倦，活到老学到老！

所以，"求真"确确实实是工程师最重要的素质，最优秀的个性品质。它比智慧和博学更重要，因为智力上的成就、事业上的成功在很大程度上依赖于品格的伟大。

1.2.3 工程师的能力要求

国外称工程师是经济、合理地解决生产中特殊问题的人，是新产品、新工艺和新系统的发明人、创造人。所以工程师所从事的工作除常规技术业务工作外，尚有相当一部分是比较复杂的工作、创造性的工作。这种比较复杂的工作、创造性的工作从书本里找不到现成的答案，这就要求工程师具有较高的发现问题、分析问题、解决问题的能力，其中特别要求具有创造能力，这是从事比较复杂的工作，从事创造性工作必不可少的能力，是工程师最重要的能力。现代工程师总是在具体从事产品、过程或系统的构思、设计、实施和运行中的某个环节或全部过程，或领导一群人从事这个过程。在这个服务过程中不仅需要他们的学科知识，还需要他们的终身学习能力、团队交流能力以及在企业和社会环境下的构思—设计—实施—运行能力，如表1-1所示。

表1-1 工程师能力要求

构思		设计		实施		运行	
目标	概念设计	初步设计	施工设计	元件制造	系统整合测试	全生命支持	演化
商业战略 技术战略 客户需求 目标 竞争 项目计划 商业计划	需求 功能 概念 技术 构建 平台计划 市场定位 法规 供应商 承诺	需求定位 模型开发 系统分析 系统解构 界面要求	元件设计 需求确认 失效和预案分析 确认设计	硬件制造 软件编程 资源 元件测试 元件改进	系统整合 系统测试 改进 取得认证 投产—交货	销售和铺货 运行 物流 客户服务 维护与维修 回收 升级	系统改进

1.3 工程素养需要工匠精神

1.3.1 工匠精神

在十二届全国人大四次会议政府工作报告上，在谈到2016年的工作重点时，时任中国国务院总理的李克强同志说："鼓励企业开展个性化定制、柔性化生产，培育精益求精的工匠精神，增品种、提品质、创品牌。"2017年9月5日，李克强同志考察山西临汾华翔集团公司，获知该企业近30位大工匠年薪超百万，他非常高兴并谆谆叮嘱大工匠们要以师带徒、言传身教，让工匠精神薪火相传，使中国制造不仅有价格竞争力，更有质量竞争力。

何谓工匠精神？工匠精神是指工匠对自己的产品精雕细琢、精益求精，使其更完美的精神理念，我们的大国工匠、百年老店等等都是工匠精神的具体体现。

工匠精神的目标是打造本行业最优质的、其他同行无法匹敌的卓越产品。图1-2（a）显示的是一个较为混乱的机房场景，从功能上来看不影响机房的常规使用。但是图1-2（b）

机房场景让人赏心悦目，线路井井有条，便于管理、维护，不容易出现各种干扰，是工匠精神的具体反映。因此，可以说工匠精神是追求卓越的创造精神、精益求精的品质精神、用户至上的服务精神！

(a) 混乱的机房场景   (b) 有序的机房场景

图 1-2 工匠精神的不同场景体现

工匠精神不单是企业要具有的精神，更是各行业都应该追求的精神。中国是制造大国，需要精致的产品从而走向全世界；同时，我们也需要全民整体素质的提升，我们更需要热爱国家、事业，认真、负责，专、精、严的工匠精神。我们当志存高远，更要脚踏实地，用工匠精神履行好自己的职责！

1.3.2 工匠精神的内涵

自首次提出工匠精神以来，工匠精神已经成为全民共识，并进入了众多学者的研究视野。近年来学术界对工匠精神的研究呈现"井喷式"的增长，并取得了大量的研究成果。学者们对工匠精神的研究集中于工匠精神内涵结构、历史发展、培育路径、时代价值、职业教育等方面。然而目前社会各界对工匠精神的理解各执一词，说法不一，并没有形成一致的看法。有一种说法比较精炼，即工匠精神的内涵基本体现在四个字："爱""专""精""严"。

"爱"是集"热爱、坚守、淡泊、无悔"于一身，是工匠追求完美的动力。"热爱"表现为坚定信念，坚强意志；"坚守"贯穿于狂热追求，执着坚持；"淡泊"体现在心无旁骛，荣辱不惊；"无悔"实现于奉献一生，无怨无悔。

"专"意味着"专注、专心、专业、专一"，是工匠自信的标签。"专注做事"可能是一生只做一件事；"专心工作"表现为你经常说的一句话"谢谢，现在是工作时间"；"专业提升"说明匠人的技艺需要磨炼；"专一标准"让你知道——"迟到"可能会被处罚，而过度的"早到"也不符合标准。

"精"包括"精雕细琢、用心钻研、持续改善、精益求精"，是工匠永恒的追求。精雕细琢——认真对待每一个细节，追求完美和卓越；用心钻研——十万分之一克的齿轮还不够小；持续改善——把改善当成工作的常态；精益求精——坚信没有最好，只有更好。

"严"体现在"认真、严谨、严格、严肃"，是工匠秉持的态度。"认真"说明本事不在大小，关键在态度；"严谨"明确区分知道与不知道；"严格"体现在没有一个细节被忽略；"严肃"要求每一次都不能犯错。

1.3.3　工匠精神的创新

中国曾是世界上最大的原创之国、匠品出口国、匠人之国！中国匠人造就了一部匠品辉煌史。譬如长沙马王堆汉墓出土的丝绢（图1-3），距今2000多年，但是仍然能够看出当年的精致，其薄如蝉翼，2.6平方米用料仅49克[3]。

图1-3　马王堆汉墓出土的丝绢

我国老字号大多创建于明代或清代，新中国成立初期，中华老字号企业有16000多家。到1990年，由商业部评定的中华老字号只剩下1600家，仅为新中国成立初期的10%。2006年及2011年，商务部先后确定了两批中华老字号名录，企业总计1128家。据商务部统计，在现存的1128家中华老字号中，仅10%的企业蓬勃发展，40%的老字号勉强实现盈亏平衡，而近一半都是持续亏损状态。因此，保护传统品牌刻不容缓[4]。

2003年初，始创于1651年已经有352年历史的王麻子剪刀厂宣布破产。作为国有企业，王麻子沿袭计划经济体制下的管理模式，缺乏市场竞争思想和创新意识，是其破产的根本原因。长期以来，王麻子剪刀厂的主要产品一直延续传统的铁夹钢工艺，尽管它比不锈钢剪刀要耐磨好用，但因为工艺复杂、容易生锈、外观档次低，渐渐失去了竞争优势。而王麻子剪刀厂却没能采取措施，及时引进新设备、新工艺；数十年来王麻子剪刀的外形设计也没有任何变化。故步自封、安于现状，最终王麻子剪刀被消费者抛弃。

王麻子剪刀厂的破产启示人们：老字号产品必须时刻注意"自我扬弃"，否则就会遭到市场的冷遇。稍有点年纪的人知道，过去流行的口头禅是"北有王麻子，南有张小泉"，"王麻子"也因此成为北方的一张"王牌"。但是，随着人们消费观念的转变，市场的需求已与过去不可同日而语，而"王麻子"依然如故，沿袭多年前的生产工艺，这就决定了"王麻子"的凶多吉少。

创建于1663年的张小泉与创建于1731年的德国双立人也存在差距。张小泉菜刀价格比双立人的价格低很多，销量和市场占有率的差距也很大。双立人百般求变，技术不断更新迭代，生产工艺全面创新，款式种类更是层出不穷。2022年张小泉官方也对外表示，未来将持续增加研发投入，力争在刀具产品方面，不仅以锋利见长，更要充分考虑中国消费者的实际，真正做到"更懂中国厨房"。

创新是"工匠精神"的灵魂。这里的创新既包括迭代式创新，也包括颠覆式创新；既包括微创新，也包括巨创新，还包括跨界创新等。

国内有专家根据工业 4.0 的划分，将"工匠精神"划分为"工匠精神"1.0～4.0，显示出"工匠精神"的内涵本身也在不断变化。

① 手工化时代体现的是工匠精神 1.0 的内涵；

② 机械化时代体现的是工匠精神 2.0 的内涵；

③ 自动化时代体现的是工匠精神 3.0 的内涵；

④ 智能化时代体现的是工匠精神 4.0 的内涵。

在工业 4.0 时代，未来工厂能够自行优化，一并控制整个生产过程。不仅如此，它还将实现包括人人互联、物物互联、人机互联在内的智能互联。

很多人认为工匠是一种机械重复的劳动者，其实工匠有着更深远的意思，工匠代表着一个时代的气质，坚定、踏实、精益求精。工匠不一定都能成为企业家，但大多数成功企业人士身上都有这种工匠精神。工匠精神也不意味着钻牛角尖，或者说不计成本一味追求极致。工匠精神是一种针对任何事情都秉承事物有限度、追求无极致的精神。

2

工程材料认知

2.1 工程材料发展史

材料是具有一定性能，可以用来制作器件、构件、工具、装置等物品的物质，人类生活离不了材料。材料发展的历史也是人类文明发展的历史。人类文明的发展历程是以材料为主要标志的，对材料的认识和利用能力，决定着人类文明的形态和人类生活的质量。

中华文明史是唯一一个能够全程体现材料发展史的人类文明，上下万年不断，纵横万里不绝。材料发展的历史推演呈现如下趋势：天然材料（含木材和石头）→陶器→青铜→铁→钢→有色金属→高分子材料→新型材料。

历史学家也把材料作为划分历史时代的标志。1865 年，考古学家约翰·拉巴克（John Lubbock）首先使用了旧石器时代这个术语，指以石器使用为特征的历史时期，认为人亚科原人祖先也使用了石器工具，旧石器时代就应该为大约 250 万前至大约 12000 年前[5]。《大历史》的作者大卫·克里斯蒂安认为，从考古学的角度并从发现现代人类（智人）出现的最早证据来看，旧石器时代应该从 20 万年前的智人出现到大约 12000 年前，即到现代人类农业时代开始为止[6]。随后是新石器时代，人类文明的曙光初现。人类从掌握木质工具开始，向着打制石器、磨制石器逐渐进步，生存能力逐步增强。据推测，50 万年前人类开始利用火，摩擦生火的出现使石料的价值变大。火的利用导致出现了陶器，继而出现金属的冶炼，人类逐步进入文明社会。

青铜时代的到来也是人类文明大跨步的开始，我国历史学家和考古专家认为我国青铜时代应该处于公元前 2000 年至公元前 500 年左右[7]。新石器时代陶器的发展带动了高温技术的发展，高温使矿石分解、金属冶炼成为可能，不仅使得青铜时代辉煌灿烂，也使得铁器的产生成了历史的必然。

铁在土壤中是大量存在的，将其制成战争武器和农耕具也更为简单。因此，当人们发现怎样从铁矿提炼铁的时候，铁很快就代替了其他金属用于这些用途。随着铁器时代的到来，人类逼近并且很快进入真正有史的时期[8]，农耕文明也进入新的发展时期。很难准确地说铁器时代有多长，我国从大规模使用铁器的战国时代开始，铁的冶铸和应用就没有停止过，直到现代，钢铁依然是国民经济的支柱。两千多年来，水泥建筑材料、新型钢铁材料、信息材料、生物材料得到了空前的发展，人类文明已经由农耕文明进入到工业文明，直至今天的信息文明社会。

2.1.1　石器时代：人类文明的孕育

旧石器时代，人类主要使用石头、骨头、木制的工具，该时期是以使用打制石器为标志的人类物质文明发展阶段。所谓石器时代，并不代表那个时候的人类只会使用石器（图 2-1），也许还较早地使用了木质工具。例如，有巢氏时代，处于旧石器时代中早期，那时人类可能已经可以使用工具搭建简单的"巢居"。距今二三万年前，是旧石器时代的晚期，以打制石器为工具，以采集为主、狩猎为辅的原始经济在各地有了更快的发展，很快就进入了新石器时代。

图 2-1　原始人在打制石器

新石器时代体现在磨制石器和陶质材料的发明和应用。考古发掘证明我国在两万年前开始了制陶，在八千多年前已经制成实用的陶器[9]。陶的出现使得人类可吃煮熟的谷物，喝煮开的水，可长时间储存食物，促进人类进化。半坡村出土了碗、钵、釜、罐、瓶等基本的生活用具，甚至还有吹气能发声的陶埙。

张光直先生在《中国青铜时代》一书中描述，从我国仰韶和龙山文化遗址出土的陶器可以发现，我们的祖先已经熟练掌握了烧制黑色陶器（图 2-2）和白色陶器的配方和技术，

石斧　　　　　　石镰　　　　　　黑陶　　　　　　红陶器

图 2-2　典型新石器时代的石器

这是陶瓷材料发展的一次飞跃，陶的出现是中华民族文化的象征之一，对世界文化产生了深远的影响。

2.1.2 青铜时代：初现人类文明之美

史学上所称的"青铜时代"是指大量使用青铜工具及青铜礼器的时期。青铜时代是以使用青铜为标志的人类文化发展的一个阶段，是人类利用金属的第一个时代。

从材料学来讲，青铜是纯铜与锡的合金，其中含有少量的铅，硬度高，光泽好，抗腐蚀性强，可以用于制造兵器、货币、生活用具等。青铜古称金或吉金，它一出现人们便赋予了美好和吉祥的愿望。

我国青铜的冶炼历史一般认为在公元前 2140—公元前 1710 年开始，相当于尧舜禹传说时期的晚期和夏朝早期之间的一段时期，甚至可追溯到公元前 3600 年，晚于埃及和西亚地区（伊朗、伊拉克），但发展快、水平高，鼎盛于商、西周。它的结束显得冗长而且是逐渐衰落的趋势，从春秋的晚期及战国早期，直至公元前的秦代才结束，延续一千六百余年，它的晚期与铁器时代有好几百年的重叠。这个时期的青铜器主要分为礼乐器、兵器及杂器，乐器主要用在宗庙祭祀活动中。

2.1.2.1 夏代青铜器：质朴清秀之美

"禹收九牧之金，铸九鼎。"（《史记·封禅书》），是一匡诸侯、统治中原，夏王朝立国的标志；而"夏后氏失之，殷人受之；殷人失之，周人受之"，则是表明每一次王朝的代兴，"九鼎"便随之易手。春秋时期，楚庄王向周定王的使者问鼎之大小、轻重，使得"问鼎"一词成为觊觎国家权力或泛指试图取得权威支配性的经典说法。但是九鼎的下落自秦以后便不知所终。

夏代典型青铜器如图 2-3 所示[10]。菱纹鼎是夏代早期的器物，其腹部较为高深，配三只四棱锥形空心足，两耳立于口沿上，其中一耳与一足呈垂直线对应，另一耳则位于另外两足中间，整体造型兼具实用和审美的双重要求，给人一种规整中有生气、对比中显和谐的审美感受。

菱纹鼎
(公元前2070—公元前1600年)

镶嵌十字纹方钺
(公元前18世纪—前16世纪)

管流爵
(公元前18世纪—前16世纪)

图 2-3 夏代青铜器的代表

镶嵌十字纹方钺是夏代晚期（公元前 18 世纪—前 16 世纪）的器物。钺是古代的兵器，此器方形平刃，阑旁有两方孔，似用于皮条捆扎。器物中心有一圆孔，其周围用绿松石镶嵌卉纹六组，纹饰较为特殊。此方钺大且重，使用不便，还有绿松石作镶嵌，当是仪仗用具。此器刃部没有开锋，镶嵌有精美的纹饰，重 5.16 千克，这些都说明这是一件礼仪用器，是王的权力象征，并不是实用器，有威严厚重之感。

管流爵是夏代晚期的器物。1959 年上海博物馆自废铜中抢救出来的乳钉纹管流爵，其一侧设斜置的流管，流管上铸两个方折形饰物，造型别具一格，其鋬（pàn）下有一圈较宽的假腹，假腹上铸有多个空心圆孔，形成镂空的装饰效果。

现在能看到的夏朝青铜器比较少，主要是一些小件的工具和兵器，以酒器爵、盉最为突出，共同特点是器壁较薄，整个造型显得枯瘦、简单、轮廓线条尖锐。它们的三个足大多采用尖锐的圆锥状足，爵的流和尾都较长。夏朝仍以陶器为多，青铜器的造型多仿制陶器，显得古朴清秀。

2.1.2.2　商周青铜器[10]：威严神秘的狰厉之美

商周时期的青铜铸造蓬勃发展，形成了灿烂的青铜文化，出现了以后母戊鼎（又称司母戊鼎）、虎食人卣、何尊等为代表的青铜珍品，如图 2-4 所示。商代青铜器以方、圆形的几何体造型最为常见，但同时动物造型的青铜器也开始出现。几何体的造型大都显得粗重，注意各个部位的比例协调以达到均衡，重心尽量下沉，在视觉上造成沉稳凝重的效果。此时的青铜器上开始有装饰性的附件，这些附件除了满足实用性之外，有时也成为一种有效的调节整体平衡的手段。商代早期已出现列鼎，其承夏代陶方鼎而来，但更高大沉重，所展示出来的王者气势远非陶方鼎可比，但器壁仍普遍较单薄。

(a) 后母戊鼎

(b) 虎食人卣

(c) 何尊

图 2-4　商周青铜国宝

后母戊鼎，高 133 厘米，口长 112 厘米、宽 79.2 厘米，重 832.84 千克，1939 年出土于河南省安阳市武官村，现藏于中国国家博物馆"古代中国"基本陈列展厅内。此鼎是中国已发现的最大、最重的青铜器，鼎腹长方形，上竖两只直耳（发现时仅剩一耳，另一耳是后来复制补上的），下有四根圆柱形鼎足，是商王祖庚或祖甲为祭祀其母所铸。

后母戊鼎是迄今世界上出土的最大、最重的青铜礼器，享有"镇国之宝"的美誉，现为国家一级文物，2002 年列入禁止出国（境）展览文物名单。后母戊鼎因鼎腹内壁上铸有"后母戊"，曾解读为"后母戊"［图 2-5(a)］。鼎身以云雷纹为主［图 2-5(c)］，四周浮雕刻出盘龙及饕餮纹样，双耳有虎噬人图案［图 2-5(b)］，反映了中国青铜铸造的超高工艺和艺术水平，同时也体现商王朝的威严狞厉。

(a) 铜鼎鼎铭　　　　　　　(b) 铜鼎鼎耳细部　　　　　　　(c) 细密的云雷纹

图 2-5　后母戊鼎的部分细节

虎食人卣［商代晚期，图 2-4(b)］，出土于湖南省宁乡，共两件，一件藏于法国巴黎市立东方美术馆，一件藏于日本泉屋博物馆。其中以日本泉屋博物馆所藏较著名，通高 35.7 厘米，重 5.09 千克。卣作为一件礼器，它是贵族阶层的标志，商代以虎作为该器物的表面纹饰，显示贵族权势的威严。

何尊[11]［图 2-4(c)］，西周早期，高 38.8 厘米，口径 28.8 厘米，重 14.6 千克。口圆体方，通体有四道镂空的大扉棱装饰，颈部饰有蚕纹图案，口沿下饰有蕉叶纹，工艺精美、造型雄奇，尽显庄重威严之气。

最重要的是铜尊内胆底部发现了一篇一百二十二字铭文（图 2-6），而其中"宅兹中国"更是"中国"最早的文字记载。其上铭文大意是：成王五年四月，周王开始在成周营

图 2-6　何尊内胆底部的铭文

建都城，对武王进行丰福之祭。周王于丙戌日在京宫大室中对宗族小子何进行训诰，内容讲到何的先父公氏追随文王，文王受上天大命统治天下。武王灭商后则告祭于天，以此地作为天下的中心，统治民众。周王赏赐何贝 30 朋，何因此作尊，以作纪念。这是周成王的一篇重要的训诫勉励的文告，故铭文中"中国"一词距今已有 3000 余年了。

2.1.2.3 春秋战国时期青铜器：华丽清新之美

图 2-7(a) 为曾侯乙编钟[11]，1978 年 5 月 11 日出土于湖北随州市，是战国早期的文物，距今已有 2400 余年历史，被誉为古代世界"第八大奇迹"。曾侯乙编钟共有 65 件，分三层八组挂在铜木结构钟架上，钟体总重 2.5 吨，连同钟架部分，合计 4.4 吨。编钟音域横跨 5 个半八度，仅仅比目前世界上音域最广的乐器——钢琴，少一个半八度。著名考古学家邹衡曾说过这样一句话："什么能够代表中国？在我看来无外乎两者，一是秦始皇兵马俑，二是曾侯乙编钟。"

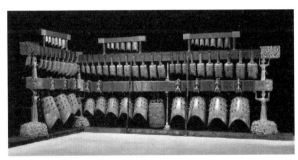 

(a) 曾侯乙编钟   (b) 曾侯乙尊盘

图 2-7　曾侯乙墓出土的青铜器

曾侯乙编钟数量巨大，完整无缺。以大小和音高为序编成 8 组悬挂在 3 层钟架上。最上层 3 组 19 件为钮钟，形体较小，有方形钮，有篆体铭文，但文呈圆柱形，柱状字较少，只标注音名。中下两层 5 组共 45 件为甬钟 [图 2-8(b)]，有长柄，钟体遍饰浮雕式蟠虺 (pánhuǐ) 纹，细密精致。外加楚惠王送的一枚镈（bó）钟 [图 2-8(a)]，共 65 枚。

曾侯乙编钟上悬挂的镈钟，是楚惠王赠送给曾侯乙的，当年吴国大军攻进楚都，楚惠王的父亲楚昭王曾在随国避难，受到了随君的保护，所以楚惠王为代父亲向随君的后裔表示不忘救难的恩情，送给了曾侯乙这个镈钟。钟架为铜木结构，呈曲尺形。横梁木质，绘饰以漆，横梁两端有雕饰龙纹的青铜套 [图 2-8(c)]。中下层横梁各有三个佩剑铜人，以头、手托顶梁架，中部还有铜柱加固。铜人着长袍，腰束带，神情肃穆，是青铜人像中难得的佳作。以之作为钟座，使编钟更显华贵。

1978 年出土时，考古人员在随州一处修理厂内敲响过编钟。曾侯乙编钟出土后，文化部的音乐家赶到随州，对全套编钟逐个测音。1978 年 8 月 1 日，沉寂了 2400 多年的曾侯乙编钟，重新向世人发出了它那浪漫的千古绝响。编钟演奏以《东方红》为开篇，接着是古曲《楚殇》、外国名曲《一路平安》、民族歌曲《草原上升起不落的太阳》，最后以《国际歌》的乐曲为落幕。

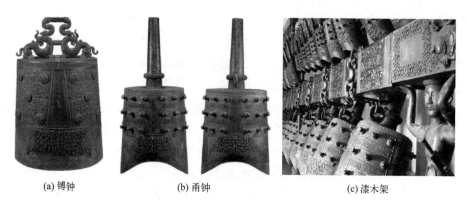

(a) 镈钟　　　　(b) 甬钟　　　　(c) 漆木架

图 2-8　编钟的部分细节

1984 年，为庆祝新中国成立 35 周年，演奏人员被特批随编钟进京，在北京中南海怀仁堂，为各国驻华大使演奏了中国古曲《春江花月夜》和创作曲目《楚殇》以及《欢乐颂》等中外名曲。

1997 年 7 月 1 日，在中英政府举行的香港政权交接仪式现场，来自世界各地的数千名嘉宾，欣赏了由音乐家谭盾创作并指挥、用湖北的曾侯乙编钟（复制件）演奏的大型交响曲《交响曲 1997：天、地、人》，雄浑深沉的乐声，激荡人心，震撼寰宇。

2008 年北京奥运会是中国改革开放以来的又一重大事件。在奥运会颁奖台上，中外观众在一次次犹似天籁的"金声玉振"颁奖音乐声中，见证着一枚枚奥运金牌的诞生。这也是编钟音乐首次亮相世界性体育盛会。

图 2-7(b) 为曾侯乙尊盘，1978 年出土于随州曾侯乙墓的这件青铜尊盘实际是一件盛酒、温酒器具，它由尊和盘两部分组成，其中尊通高 30.1 厘米，口径为 25 厘米，而盘通高 23.5 厘米，口径为 58 厘米。尊盘是酒器，也是非常高贵的礼器。曾侯乙青铜尊盘由上尊下盘两件器物组成。尊口沿装饰一圈以铜梗纠结支撑形成的多层镂空蟠螭纹立体构件，颈部附四条镂空吐舌怪兽，腹部和圈足均附立体蟠龙装饰。盘口沿为镂空花环，口沿上有四组对称分布的长方形多层镂空附饰，附饰下有两条扁体兽和一条双体龙蟠，足上盘体附立体蟠龙装饰。尊和盘均铸有"曾侯乙作持用终"铭文。曾侯乙青铜尊盘采用陶范法、失蜡法、钎焊、铆接等多种工艺精工制作而成，全器造型优美，纹饰繁复。

这一时期的青铜器往往有铭文，铭文增加了其历史厚重感。譬如毛公鼎、大克鼎、散氏盘等出土的著名青铜器，使许多历史疑团得以解开或者对史书的描述得以印证。

《考工记》一书中，提出了"金有六齐"，原文为"金有六齐：六分其金而锡居一，谓之钟鼎之齐；五分其金而锡居一，谓之斧斤之齐；四分其金而锡居一，谓之戈戟之齐；三分其金而锡居一，谓之大刃之齐；五分其金而锡居二，谓之削杀矢之齐；金锡半，谓之鉴燧之齐。"这是世界科技史上最早的冶铜经验总结。

青铜器的另一大历史贡献在于社会秩序的建立。西周中晚期有严格的列鼎制度，用形状花纹相同而大小依次递减的奇数组鼎来代表贵族身份。《春秋公羊传注疏·桓公卷四》记载："礼，祭，天子九鼎，诸侯化，卿大夫五，元士三也。"人类文明第一次将人与工具二者的意义联系起来。

　　春秋初期，出现大量青铜工具（斧、锯、凿、锥等）和青铜农具（锄、铲等），金属工具极大促进农业技术的提高，相关的冶铸技术获得飞速发展。

　　春秋中期以后，中国青铜艺术又跨进了一个新的发展阶段。这时候新兴的封建地主势力逐渐加强，奴隶制已摇摇欲坠。在这"礼崩乐坏"的年代，天命观念彻底动摇了，青铜艺术原有的社会功能萎缩了，那些积淀着重要社会、政治和宗教意义的威震一时的种种神灵，在青铜器上毫无例外地消失了。青铜器进入实用器件和装饰品阶段，同时铜货币的大量制造需求，使得铜资源越来越匮乏，青铜时代开始没落，直至终结。

2.1.3　铁器时代：人类文明的快速发展

2.1.3.1　古代铁器的发展

　　铁器时代以能够冶铁和制造铁器为标志，铁的硬度高、熔点高，而且铁矿蕴含量高，相对青铜来说，铁来得便宜，可在各方面运用，其需求很快便远超青铜。人类使用铁来制造工具和武器，使得人类文明进入快车道。

　　最先使用铁器的是古埃及与苏美尔（公元前 4100 年—公元前 2000 年，美索不达米亚南部），但大多数铁由陨铁得到，而非由铁矿提取。世界上最早进入铁器时代的是赫梯古王国（公元前 1600 年—公元前 700 年，小亚细亚地区），约公元前 1400 年其便掌握了冶铁技术。

　　现代科技研究表明，铁是地球上储量居于第四的元素（前三位为氧、硅、铝），来源于大型恒星的聚变。意味着我们现在使用的铁元素，至少有 40 亿年的历史。地核翻滚流动的液态铁是地球磁场的原动力［图 2-9(a)］，也是地球大气环境的守护神［图 2-9(b)］。如果地核冷却，不再流动，那么地磁场将会消失。没有了磁场的保护，大气层也无法孤军奋斗，它会被剧烈的太阳风彻底撕碎。这时候，地球就成了一颗彻彻底底的裸星，将自己的一切都暴露在宇宙面前。地球上的生命将遭受无尽的太阳辐射，维持生命活动的氧气也会消失不见。慢慢地，冷却的地核会让地球变得和现在的火星一样，成为一颗"死星"。

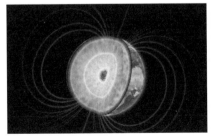
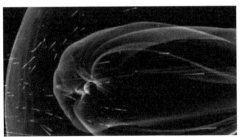

(a) 地核液态铁形成磁场　　　　(b) 磁场保护地球免受太阳风的袭击

图 2-9　地球磁场

　　那这样的情况会发生吗？科学家们相信这是地球必将到来的结局，是无法避免的，地球的演化就是一场慢性死亡表演，结局早就注定了。但是，我们人类不用担心，因为在数亿年的时间内，这个情况是不会发生的。可以这么说，如果我们人类文明真的能够发展数亿年，等到地核变冷的那一天，那我们一定拥有星际移民的能力，地核冷却也威胁不到我们！

中国同埃及、美索不达米亚等古国一样，对铁的认识都是从陨铁开始的。目前发现的我国最大的陨铁是银骆驼［图 2-10(a)］，它有两大特征。一个是个头大，最高处有 1.4 米左右，长宽也都是 2 米上下，总重超过了 30 吨。另一个是周身呈现非常亮眼的银色，看上去非常漂亮，呈现这样的质地和色泽，是因为它的含铁量要高于一般的铁陨石。科学家经过分析，在其物质组成里发现了 6 种地球上没有的矿物，这对于我们研究宇宙空间来说有很大的意义。全球最大的陨铁发现于非洲的纳米比亚，重量是银骆驼的两倍，叫霍巴陨铁［图 2-10(b)］。

(a) 中国最大的陨铁——银骆驼 (b) 世界最大的陨铁——霍巴陨铁

图 2-10 古代陨铁

中国是最早使用铁的国家之一，公元前 6 世纪在中国出现了生铁。而古代炼铁术是把铁矿石和木炭粒一层层相错铺在炉底进行烧制，由于温度不够高，产出的是一块块软的生铁块，杂质含量高。然后将这些软铁块锻打成所要的形状，形状比较粗糙。

传统观点认为，春秋中期以后中国才出现冶炼铁器，青铜器到铁器并不是偶然的，铜的精炼带动铁的冶炼。青铜熔炼时，为造渣和降低熔点，古人往往加入氧化铁作为熔剂，直接为铁矿石还原积累经验；赤铁矿（Fe_2O_3）与赤铜矿（CuO）极为相似，青铜冶炼所需的高温和还原气氛，为一氧化碳与铁矿石接触还原金属铁创造极为有利的条件。

西亚于距今 4500 年、欧洲于距今 3400 年时进入铁器时代，而中国进入铁器时代时间距今只有 2500 余年，比西亚和欧洲地区要晚近千年[12]。

据文献记载，1977 年在北京市平谷县（现为平谷区）出土了一把铁刃铜钺［图 2-11(a)］，它是距今 3000 多年前的商朝作品，被称为"中国最古老铁器"。然而经化验确认，这一件商朝铁刃铜钺刃部的铁，不是人工冶铸的铁，而是用陨铁锻造成薄刃后，浇铸青铜柄部而成。1990 年在河南省三门峡市北部的西周虢（guó）国墓地中，考古专家挖出一把玉柄铁剑，剑长 20 厘米，茎长 13 厘米，属西周晚期器物，距今 2800 余年，是河南博物院"九大镇院之宝"之一。这一把剑意义非凡，学者检测确认这是人工冶铁，所以一度被誉为"中国最古老冶炼铁器"［图 2-11(b)］。

(a) 铁刃铜钺　　　　　　　　　　　(b) 玉柄铁剑

图 2-11　我国出土的不同时期的铁器代表

铁制兵器比铜制兵器锋利、耐用，因而铁制武器装备大大提高了军队的战斗力。中国铁铠甲是约在春秋战国之交出现的铁甲，为作战防身用具。甲又名铠，出自《释名》："铠犹垲也。垲，坚重之言也。或谓之甲，似物孚甲以自御也。"各朝代的铠甲不断改进，又出现了玄甲、锁子甲等，在汉代进入了铁铠大量使用时期。铁铠作为中国古代护甲的主角，从汉代至明代一直沿用了一千多年。历史上，身穿铁铠的猛将也常被称为"铁猛兽"。

秦汉时期，冶铁业有很大的发展。汉武帝实行盐、铁官营制度，在全国设立 49 处铁官，促进了铸铁技术的推广和进步。汉代已有炉膛容积达 40～50 立方米的炼铁炉，使用人力、畜力和水力鼓风。南阳瓦房庄冶铁遗址有专设的铸铁工区和高约 2 米的化铁炉。铁范（即铁模子）的应用在汉代更为普遍，除直接用来铸造各种生产工具和构件外，后来还用以铸造成型铁板，再通过脱碳热处理得到钢质板材，用以锻打成型器件。

2.1.3.2　近现代钢铁材料的发展

含碳量在 0.02％～2.11％之间的铁碳合金称为钢，强度高，用途更广。据史书记载，距今 1800 年前出现两步炼钢技术，即先炼成铁，再炼成钢，并一直沿用至今。但因其工艺复杂，主要用于兵器制造，未能大面积推广。一直到 19 世纪前半期，人类始终生活在"铁器时代"[12]。

钢的化学成分可以有很大变化，只含碳元素的钢称为碳素钢（碳钢）或普通钢。在实际生产中，钢往往根据用途的不同会加入有不同的元素，比如锰、镍、钒等，因此称为合金钢。人类对钢的应用和研究历史相当悠久，但是直到 19 世纪贝氏炼钢法发明之前，钢的制取一直都是一项高成本、低效率的工作。如今，钢以其低廉的价格、可靠的性能成为世界上使用最多的材料之一，是建筑业、制造业和人们日常生活中不可或缺的材料。可以说钢是现代社会的物质基础。

炼铁、炼钢的大工业生产分别于 17 世纪 20 年代、19 世纪 70 年代最先在英国发展起来。

1879 年 12 月 28 日，一列火车经过曾被称为世界工程奇迹之一的苏格兰泰伊大铁桥（图 2-12）时，大桥坍塌，75 人丧生。桥断的主要原因是铸造缺陷和材质问题。血的教训使人们正视到当时已能大规模生产的钢才是更适合的工程材料，于是，钢轨、钢桥、钢船、钢枪、钢炮等逐步取代了铸铁。

图 2-12 泰伊大铁桥

1875—1913 年，西欧、美国的工业化需要大量钢铁，相继发展了转炉和平炉，生铁和钢产量都迅速增长。

1913 年，全世界生铁产量为 8000 万吨，钢产量 7650 万吨。

1914—1950 年，发生两次世界大战、多次资本主义经济危机，钢铁生产发展缓慢。

1950 年，全世界生铁产量为 1.30 亿吨，钢产量 1.89 亿吨。

1950—1974 年，发展了氧气顶吹转炉炼钢和连续铸钢技术、带钢热连轧机和冷连轧机（技术进步），钢铁生产能力提高。

1973 年，开始石油调价和世界性的经济萧条，钢铁生产发展转慢。

1974 年，全世界生铁产量为 5.05 亿吨，钢产量 7.10 亿吨。

1979 年，世界生铁和钢的产量创造新的纪录，分别达 5.29 亿吨和 7.47 亿吨。

我国的钢铁发展从张之洞兴办汉阳铁厂开始到新中国成立这段时期发展缓慢，1949 年新中国成立后，钢铁生产开始得到迅猛发展。

1949 年，中国钢铁产量只有 15.8 万吨，居世界第 26 位，不到当时世界钢铁年总产量 1.6 亿吨的 0.1%。

1957 年突破 500 万吨，达到 535 万吨。1965 年达到 1223 万吨，1975 年升到 2390 万吨。

1978 年，中国钢产量达到 3178 万吨，居世界第 5 位，占当年世界钢铁产量的 4.42%。

1989 年升至 6159 万吨，这是中国钢产量首次突破 6000 万吨。

在改革开放大潮和以经济建设为中心的背景下，随着国外先进技术的引进，我国产业政策从"节约用钢"到"积极提倡"逐渐升级，钢产量从改革开放初期的 3700 万吨到 1996 年突破 1 亿吨，并且自 2000 年起稳居世界第一，2016 年达到 8 亿吨，2018 年我国粗钢产量达到 9 亿吨。图 2-13 是现代钢的典型生产和应用。

如果从清末建立现代钢铁企业开始计算，中国钢产量突破 1 亿吨用了一百多年时间，如果从新中国成立算起，用了 47 年。从 1 亿吨到 2 亿吨，用了 7 年时间；从 2 亿吨到 3

亿吨，只用了 2 年时间；而从 3 亿吨到 4 亿吨，则只用了 1 年的时间。之后，中国钢铁产能严重过剩，发展速度开始降了下来，所以，从 4 亿吨到 5 亿吨，又用了 2 年的时间。2013 年我国钢材总产量为 10.67 亿吨，钢材消费总量为 10.62 亿吨（含出口），GDP 总产值为 56.88 万亿元，每亿元 GDP 产值耗钢材量为 0.1867 万吨。

热轧钢的生产现场

冷轧钢板的生产

鸟巢——钢结构的典型代表

图 2-13　现代钢的典型生产和应用

2.1.4　水泥材料的发展

水泥是建筑用的胶凝材料，按化学组成可以分为硅酸盐水泥、铝酸盐水泥和硫铝酸盐水泥三大类。有人戏称水泥是建筑的"粮食"，在人类文明中占有重要地位。

水泥的发展历史悠久[13]，大约在公元前 3000—公元前 2000 年间，古埃及人开始采用煅烧石膏作建筑胶凝材料，埃及古金字塔的建造中使用了煅烧石膏。公元前 30 年，埃及并入罗马帝国版图之前，古埃及人都是使用煅烧石膏来砌筑建筑物［图 2-14(a)］。古罗马人对石灰使用工艺进行改进，在石灰中不仅掺砂子，还掺磨细的火山灰，在没有火山灰的地区，则掺入与火山灰具有同样效果的磨细碎砖。公元前 146 年，罗马帝国吞并希腊，同时继承了希腊人生产和使用石灰的传统。罗马人将石灰加水消解，与砂子混合成砂浆，然后用此砂浆砌筑建筑物。采用石灰砂浆的古罗马建筑，其中有些非常坚固，甚至保留到现在，有人将"石灰—火山灰—砂子"三组分砂浆称为"罗马砂浆"［图 2-14(b)］。2000 年前，希腊和古罗马人在建筑中使用一种石灰和火山灰的混合物，它们在水中缓慢反应生成坚硬的固体，是最早应用的水泥。

(a) 金字塔建造中使用了煅烧石膏

(b) 罗马斗兽场使用了罗马砂浆

图 2-14　西方水泥的最早应用

英国著名科学家、史学家李约瑟在《中国科学技术史》一书中写道："在公元 3 世纪到 13 世纪之间，中国曾保持令西方望尘莫及的科学技术水平""中国的这些发明和发现往往远远超过同时代的欧洲，特别是在 15 世纪之前更是如此"。中国古代建筑胶凝材料发展的过程是：从"白灰面"和黄泥浆起步，发展到石灰和"三合土"，进而发展到石灰掺有机物的胶凝材料。从这段历史进程可以得出与科学家、史学家李约瑟相似的结论，中国古代建筑胶凝材料有过自己辉煌的历史，在与西方古代建筑胶凝材料基本同步发展的过程中，其由于广泛采用石灰与有机物相结合的方式而显得略高一筹。

万里长城从秦代开始建造，历经 2000 多年，直到明代还在建造加长。在长城沿线，可以看到不少地方是夯土墙。它们有的是用黏土和砂，再加以红柳或芦苇的枝条夯筑成的，也有的地方是用土、砂、石灰加以碎石夯筑的。到了唐代以后，制砖技术有了发展，城门及附近的城墙，开始采取用砖包砌，内填黄土的方法来修筑。这样构筑的城墙比版筑夯土墙坚固多了。砌砖要用胶结材，宋代以前是用黄泥浆，宋代以后，石灰砂浆逐渐普遍使用。到了明代，在砌筑城墙时，广泛采用石灰砂浆和糯米汁一起搅拌后作胶结材，这样大大增加了胶结力。明长城不少地段的砌筑，均用糯米汁掺拌砂浆，直到今天，砖缝的砂浆黏结力仍很坚固。

然而，近几个世纪以来中国古代建筑胶凝材料发展落后了，尤其是到清朝乾隆年间末期，即 18 世纪末期以后，科学技术与西方差距愈来愈大。中国古代建筑胶凝材料的发展，到达石灰掺有机物的胶凝材料阶段后就停滞不前了，未能在此基础上跨出一步。西方古代建筑胶凝材料则在"罗马砂浆"的基础上继续发展，朝着现代水泥的方向不断提高，最终发明水泥。

1824 年，英国用石灰石和黏土的混合物烧成一种水硬性的胶凝材料，凝结硬固后的颜色、外观和当时英国用于建筑的优质波特兰石头相似，故称为波特兰水泥。

1825 年，英国人阿斯谱丁建造第一个波特兰水泥厂。水泥生产工艺：以石灰石和黏土为主要原料，经破碎、配料、磨细将其制成生料，喂入水泥窑中煅烧成熟料，加入适量石膏，磨细（图 2-15）。

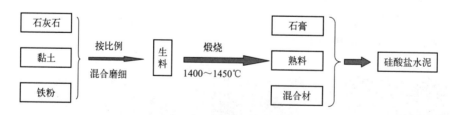

图 2-15　水泥生产工序过程

到了 1884 年，德国人在"仓窑"的基础上进行了改良，并将其命名为"立窑"。它与"仓窑"不同的是多了一个冷却装置，它的预热、烧成和冷却都在窑里面。立窑发明以后，很快传入英国，英国人首先使用机械鼓风系统，质量和产量大大提高。之后，鼓风系统的技术又传到德国，德国人接着又发明装料装置和机械卸料装置。据历史考证，在第一次世界大战（1914 年—1918 年）前后，德国完成了立窑的机械化设计，接着进行推广，完成了机械化立窑发明的全过程。

1906年河北唐山建立了启新洋灰公司，年产水泥4万吨。启新洋灰公司的前身是光绪十五年（1889年）建立的唐山细绵土厂，1906年北洋大臣袁世凯命令周学熙从英国人手中收回重办，并改名为启新洋灰公司。图2-16（a）为远望启新洋灰公司的老照片，可以看到公司的烟囱正冒着浓烟。

(a) 中国第一家水泥厂——启新洋灰公司

(b) 中国第一家湿法水泥厂——上海水泥厂

图2-16 中国最早的水泥厂

20世纪初，丹麦人史密斯发明了湿法回转窑，他是在当时去参观氧化铝生产旋窑时得到了启发，用湿法生产水泥。因为丹麦不是用石灰岩生产水泥的，而是用白垩土，它所含的水分比较高，一般达到50%左右，因此史密斯公司创始人发明了湿法窑。我国20年代的上海水泥厂［全国最早使用湿法生产的水泥厂，图2-16（b）］，当时采用的是湿法窑，四五十年代在世界上流行使用湿法长窑，最大的湿法长窑日产量是3400吨（德国）。

中国水泥生产技术水平随着时代的进步而不断提高，由低到高大致分为立窑、湿法回转窑、日产2000吨熟料预分解窑新型干法和日产5000吨熟料预分解窑新型干法4个技术层面。每一个技术层面上的发展基本上都是先购买外国成套技术设备，然后进行自主开发，再实行设备国产化，最后全国推广。中国水泥史上设备国产化的进程中有4个里程碑：昆明水泥厂（后改名云南水泥有限公司）是国产设备建设立窑厂的里程碑；湘乡水泥厂（后改名韶峰水泥集团有限公司）是国产设备建设湿法回转窑厂的里程碑；江西水泥厂（后改名江西万年青水泥股份有限公司）是国产设备建设日产2000吨熟料预分解窑新型干法厂的里程碑；安徽海螺集团有限责任公司是国产设备建设日产5000吨熟料预分解窑新型干法厂的里程碑。中国水泥工业现代化步伐从此大大加快。

一个世纪以来，我国水泥生产技术经历了几次重大变革，水泥工业走过了从诞生到壮大的发展历程，目前已经形成了教学、科研、设计、情报信息和标准、设计制造等较完整的工业体系。随着科学技术的快速发展，特别是新材料技术的持续进步，我国被网友赋予"基建狂魔"的称号，这也得益于我国的水泥工业的不断强大。

2.1.5 新材料时代

新材料是指新出现的或正在发展中的，具有传统材料所不具备的优异性能和特殊功能的材料，或采用新技术（工艺、装备），使传统材料性能有明显提高或产生新功能的材料。

一般认为满足高技术产业发展需要的一些关键材料也属于新材料的范畴。

新材料种类很多，从技术领域来分，有信息材料、生物材料、能源材料、复合材料等。从应用领域来分，有汽车新材料、军工新材料、环境新材料等。从材料的性质来分，有纳米材料、超导材料、磁性材料、稀土材料等。

硅为周期表中ⅣA族元素。在地壳中主要以二氧化硅和硅酸盐形式存在。丰度为27.7%，仅次于氧。硅的原子量为28.05，25℃下密度为$2.329g/cm^3$，具有灰色金属光泽，较脆，莫氏硬度6.5，稍低于石英。熔点1410℃，在熔点时体积收缩率为9.5%。常温下硅表面覆盖一层极薄氧化层，化学性质不活泼。

结晶态硅材料的制备方法通常是先将硅石（SiO_2）在电炉中高温还原为冶金级硅（纯度95%~99%），然后将其变为硅的卤化物或氢化物，提纯以制备纯度很高的多晶硅，包括多晶硅的西门子法制备、多晶硅的硅烷法制备。在制造大多数半导体器件时，用的硅材料不是多晶硅，而是高完整性的单晶硅。通常用直拉法或区域熔化法由多晶硅制得单晶硅。

硅是地壳上最丰富的半导体元素，性质优越而工艺技术比较成熟，已成为固态电子器件的主要原料。为适应超大规模集成电路的需要，高完整性、高均匀度（尤其是氧的分布）的单晶硅制备技术正在发展。虽然在超速集成电路方面砷化镓材料表现出巨大的优越性，但尚不可能全面取代硅的地位。硅材料在各种晶体三极管，尤其是功率器件制造方面仍是最主要的材料。无定形硅可能成为同单晶硅并列的重要硅材料。无定形硅和多晶硅太阳电池的成功制备将使硅材料的消耗量急剧增加。

第二次世界大战中，开始用硅制作雷达的高频晶体检波器。所用的硅纯度低，不是单晶体。

1950年，制出第一只硅晶体管。

1952年，用直拉法培育单晶硅成功。

1953年，用无坩埚区域熔化法拉制单晶。

1955年，采用Zn还原$SiCl_4$法生产纯硅，但不能满足制造晶体管的要求。

1956年，提出氢还原$SiHCl_3$法。

1960年，用氢还原$SiHCl_3$法进行工业生产，已具规模。硅整流器、硅闸流管问世，促使硅材料的生产一跃而居于半导体材料的首位。

20世纪60年代，硅外延生长单晶技术和硅平面工艺被提出。硅晶体管制造技术趋于成熟，集成电路迅速发展。

20世纪80年代初，全世界多晶硅产量达2500吨。图2-17所示的是现代硅材料的典型应用。

根据2024年1月18日印发的《工业和信息化部等七部门关于推动未来产业创新发展的实施意见》，国家培育壮大战略性新兴产业的具体措施包括：谋划推动一批重大工程，遴选战略性新兴产业"百项工程"，建设一批战略性新兴产业集群，实施人工智能 AI+专项行动，抓紧在生物、新材料、新能源汽车等重点领域形成标志性成果；加快以技术突破支撑产业发展，加快培育启航企业、领军企业、独角兽企业，在类脑智能、量子信息、深地深海、激光制造等领域形成标志性产品。积极开展磁性材料、超高分子量聚乙烯耐磨管道材料、新型合金材料等先进结构材料，以及相关配套产品的研究和生产。图2-18所示的是新材料的典型应用。

成品硅

硅的半导体

硅在太阳能中的应用

硅在计算机芯片中的应用

有机硅材料的应用

硅在电池中的应用

图 2-17　硅材料的典型应用

高温超导体

新材料防弹衣

图 2-18　典型的新材料及其应用

材料、能源、信息是当代社会文明和国民经济的三大支柱，是人类社会进步和科学技术发展的物质基础和技术先导。建筑、交通、能源、计算机、通信、多媒体、生物医学工程等，无一不依赖材料科学与技术的发展来实现和突破。没有钢铁材料，就没有今天的高楼大厦；没有专门为喷气发动机设计的材料，就没有飞机；没有耐高温复合涂层材料，就没有人类探索外太空的飞船；没有固体微电子电路，就没有计算机。

2.2　材料科学基础认知

2.2.1　材料的分类

材料的分类问题在科学技术研究中至关重要，许多新的发现、发明和新的理论都是在对分类有了新认识的基础上产生的。然而分类也往往是一个学科最难解决的问题之一，一个学科的科学分类往往要经过多次理论认识上的突破和科学家长时间的努力。材料类型极为繁杂，总体上的分类方法主要有以下几种。

图 2-19 所示的是按材料的化学组成分类，可以分成金属材料、无机非金属材料、高分子材料、复合材料。这是目前比较常用的方法，简单清晰，各界人士都容易接受和理解。

也可以根据其功能分类，分为结构材料和功能材料，这种分类方法主要用于工程，便于应用归类。

金属材料	无机非金属材料	高分子材料	复合材料
是由化学元素周期表中的金属元素组成的材料。可分为纯金属和由两种或两种以上的金属元素或金属与非金属元素组成的合金	是由硅酸盐、铝酸盐、硼酸盐、磷酸盐、锗酸盐等原料和(或)氧化物、氮化物、碳化物、硼化物、硫化物、硅化物、卤化物等原料经一定的工艺制备而成的材料。一般将其分为传统的(普通的)和新型的(先进的)无机非金属材料两大类	是由一种或几种简单低分子化合物经聚合而组成的分子量很大的化合物。按材料的性能和用途可分为橡胶、纤维、塑料和胶黏剂等	是由两种或两种以上化学性质或组织结构不同的材料组合而成。由一种连续相(基体相)和增强相复合而成，既能保持原组成材料的重要特色，又通过复合效应使各组分的性能互相补充，获得原组分不具备的许多优良性能

图 2-19　材料的化学组成分类

　　结构材料是指以强度、硬度、塑性、韧性等力学性质为主要性能指标的工程材料。如图 2-20 所示，建筑、桥梁、各类装备等，均离不开结构材料。

(a) 现代室内运动馆　　　　　　　　　(b) 重庆朝天门长江大桥

图 2-20　结构材料的应用

　　功能材料是指具有优良的电学、磁学、光学等功能和效应，能完成功能相互转化的材料。其主要用来制造各种功能元器件，被广泛应用于各类高科技领域，尤其在交通、能源、航空航天等领域的应用十分广阔，如磁悬浮列车中应用的磁悬浮材料、太阳能光伏电站用的光伏材料（图 2-21）等。

(a) 超导磁悬浮列车　　　　　　　　　(b) 内蒙古四王子旗光伏电站

图 2-21　功能材料的应用

也可根据材料的应用领域，细分为生物医用材料、信息材料、航空航天材料、能源材料，见图 2-22。这种分类方法更多的是见诸教育、新闻报道、信息传播中，其实从材料本身来看，很难划定它们应用的领域和边界。

| 生物医用材料 | 信息材料 | 航空航天材料 | 能源材料 |

图 2-22 材料的典型应用

2.2.2 材料结构基础

材料科学是一门研究材料的制备加工、结构和性能表征以及理论的学科。材料科学的最终目的是获得具有理想性能的材料。而材料的微观结构决定了材料的宏观性能，从而决定其制备技术和使用价值。材料科学的核心问题是材料的组织结构（structure）和性能（property）以及它们之间的关系。图 2-23 为材料科学与工程四要素。

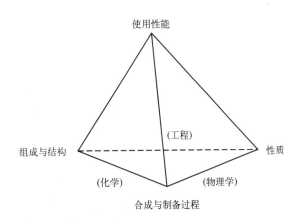

图 2-23 材料科学与工程四要素

材料的性质是指材料对电、磁、光、热、机械载荷的反应，主要决定于材料的组成与结构。

使用性能是材料在使用状态下表现的行为，它与材料设计、工程环境密切相关。使用性能包括可靠性、耐用性、寿命预测及延寿措施等。

合成与制备过程包括传统的冶炼、铸锭、制粉、压力加工、焊接等，也包括新发展的真空溅射、气相沉积等新工艺，使人工合成材料如超晶格、薄膜材料成为可能。

材料的结构包括不同晶体结构和非晶体结构，以及显微镜下的微观结构。哪些主要因素能够影响和改变结构？只有了解了这些因素才能实现控制结构的目的。材料的性能

（包括物理性能、化学性能、力学性能）由内部结构决定，其内部结构包括四个层次，如图 2-24 所示。

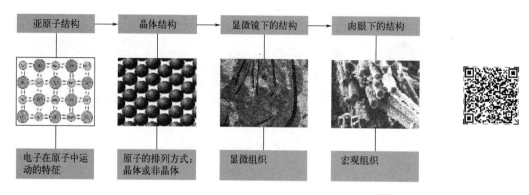

图 2-24　材料内部结构的四个层次

（1）原子的结合键

结合键包括化学键（离子键、共价键、金属键）和物理键（氢键、范德华键）。由此把晶体分成 5 种典型类型：离子晶体、共价晶体（原子晶体）、金属晶体、分子晶体、氢键晶体。

自然界的食盐（NaCl）是离子晶体，如图 2-25（a）所示。金刚石或者水晶是共价晶体，如图 2-25（b）所示。

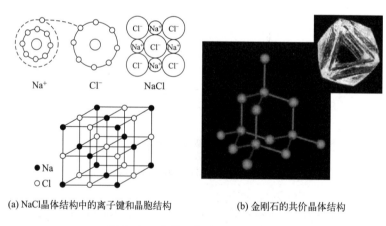

(a) NaCl晶体结构中的离子键和晶胞结构　　　(b) 金刚石的共价晶体结构

图 2-25　食盐和金刚石的晶体结构

（2）晶体结构

就目前所知，晶体达 20000 种以上，它们的几何外形更是多姿多彩、精美绝伦、奥妙无比，足以让所有的能工巧匠叹为观止！然而，种类繁多、形状各异的晶体在微观结构的周期性特征上却是极其简单的，描述晶体微观结构周期性特征的布拉维格子（布拉维点阵）总共有十四种不同的类型，见表 2-1。

表 2-1 7 类晶系 (syngonies)和 14 种布拉维点阵

序号	晶系(syngonies)	几何特征	布拉维点阵
1	三斜(triclinic)晶系	$a \neq b \neq c , a \neq \beta \neq \gamma \neq 90°$	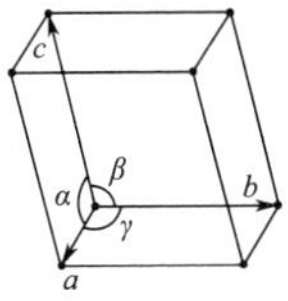 简单三斜布拉维格子
2	单斜(monoclinic)晶系	$a \neq b \neq c , a = \beta = 90° \neq \gamma$	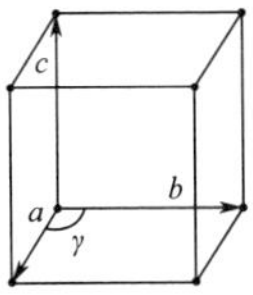 简单单斜布拉维格子 底心单斜布拉维格子
3	斜方晶系或正交 (orthorhombic)晶系	$a \neq b \neq c , a = \beta = \gamma = 90°$	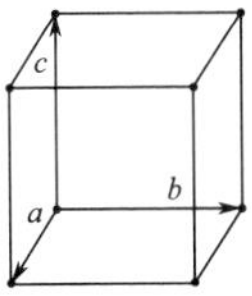 简单正交布拉维格子 体心正交布拉维格子 底心正交布拉维格子 面心正交布拉维格子

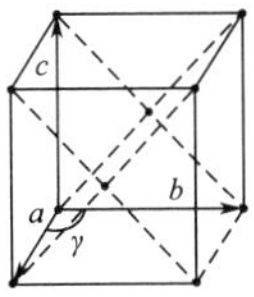

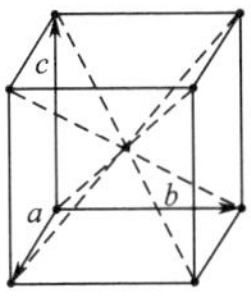

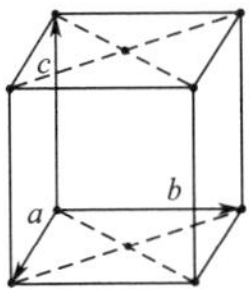

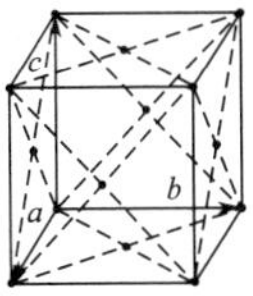

序 号	晶系（syngonies）	几何特征	布拉维点阵
4	四方（tetragonal）晶系或 正方晶系或四角晶系	$a=b\neq c$, $\alpha=\beta=\gamma=90°$	 简单四方布拉维格子 体心四方布拉维格子
5	六方（hexagonal）晶系 或六角晶系	$a=b\neq c$, $\alpha=\beta=90°$, $\gamma=120°$	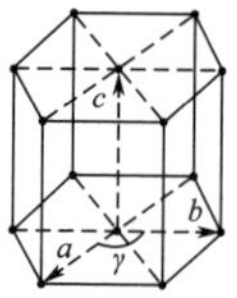 简单六方布拉维格子
6	三角（trigonal）晶系或 三方晶系或菱形晶系	$a=b=c$, $\alpha=\beta=\gamma\neq90°$	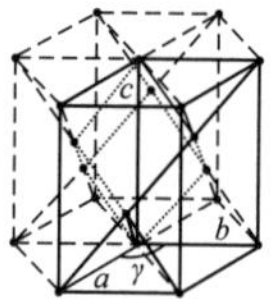 六方菱面体布拉维格子
7	立方（cubic）晶系	$a=b=c$, $\alpha=\beta=\gamma=90°$	 简单立方布拉维格子 体心立方布拉维格子 面心立方布拉维格子

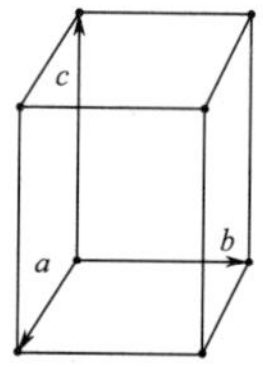

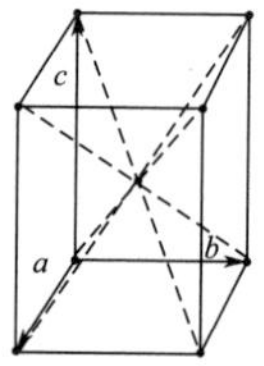

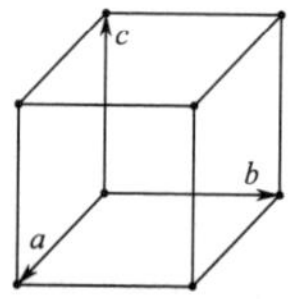

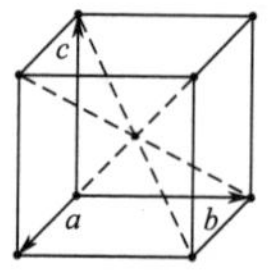

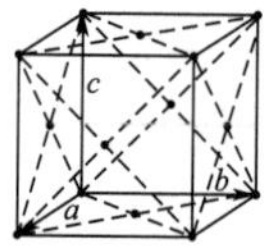

（3）晶体结构缺陷

固体在热力学上最稳定的状态是处于 0K 时的完整晶体状态，此时，其内部能量最低。晶体中的原子按理想的晶格点阵排列。实际的真实晶体中，在高于 0K 的任何温度下，都或多或少地存在着对理想晶体结构的偏离，即存在着结构缺陷。结构缺陷的存在及其运动规律，与固体的一系列性质和性能有着密切的关系，因此掌握晶体缺陷的知识是掌握材料科学的基础。因此通常把在晶格中存在一维或多维原子尺度大小的不规则排列的现象称为晶体缺陷。晶体缺陷通常根据缺陷的几何形状和维度进行分类，分为点缺陷、线缺陷、面缺陷。

点缺陷（零维缺陷）：缺陷尺寸处于原子大小的数量级上，即三维方向上缺陷的尺寸都很小。根据理想晶体偏离的几何位置，可分为空位、杂质质点、间隙质点（图 2-26）。

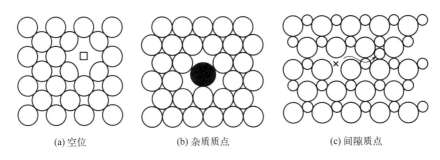

(a) 空位　　　　　　　(b) 杂质质点　　　　　　　(c) 间隙质点

图 2-26　晶体中的点缺陷

线缺陷（一维缺陷）：指在一维方向上偏离理想晶体周期性、规则性排列所产生的缺陷，如位错（图 2-27）。

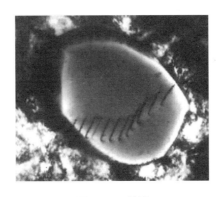

图 2-27　位错

面缺陷（二维缺陷）：当晶格周期性的破坏发生在晶体内部一个面的近邻时，这种缺陷为面缺陷，如晶界、孪晶等（图 2-28）。

晶体缺陷的存在对晶体的性质会产生明显的影响，实际晶体或多或少都有缺陷。适量的某些点缺陷的存在可以大大增强半导体材料的导电性和发光材料的发光性，也可以对金属材料产生强化作用，当然，晶体缺陷达到一定程度也会产生降低材料性能的不利作用。研究晶体缺陷具有很强的理论意义和应用价值。

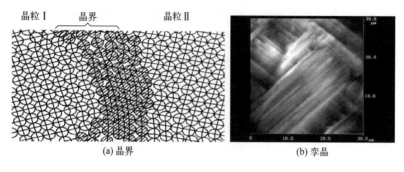

(a) 晶界　　　　　　　　　　　　(b) 孪晶

图 2-28　面缺陷

（4）相图

材料性能取决于其内部的组织，而组织又由相组成。材料中相的状态是其组织的基础。材料的相状态由其成分和所处温度来决定。相图就是反映材料在平衡状态下相状态与成分和温度关系的图形。相图不仅反映了不同成分材料在不同温度下所存在的相及其相平衡关系，而且反映了温度变化时的相变过程及组织形成的规律。因此，相图是研究和使用材料、设计材料生产和加工工艺的主要依据。其中最常用的为铁碳相图（图 2-29），铁碳合金相图是研究铁碳合金的工具，是研究碳钢和铸铁成分、温度、组织和性能之间关系的理论基础，也是设计各种热加工工艺的依据。

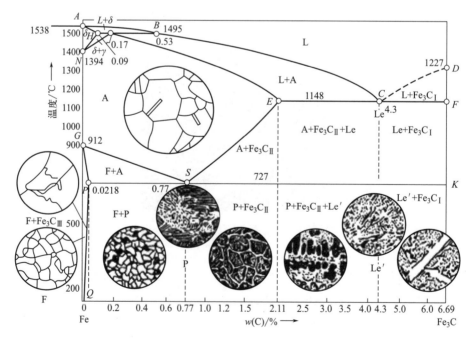

图 2-29　铁碳相图

其中，水平线 ECF 为共晶反应线。碳质量分数在 $2.11\% \sim 6.69\%$ 之间的铁碳合金，在平衡结晶过程中均发生共晶反应。水平线 PSK 为共析反应线，碳质量分数为 $0.0218\% \sim 6.69\%$ 的铁碳合金，在平衡结晶过程中均发生共析反应。PSK 线亦称 A1 线。GS 线是合金冷却时自 A 中开始析出 F 的临界温度线，通常称 A3 线。

相图也称为平衡图或状态图。二元合金相图可用温度-成分坐标系的平面图形来表示。二元相图是反映二组元系统相的平衡状态与温度、成分关系的平面图形。

杠杆定律是分析相图的重要工具，可用来确定两相平衡时两平衡相的成分和相对量，也可确定最后形成的组织中两相的相对量以及组织的相对量。杠杆定律只适用于相图中的两相区，并且只能在平衡状态下使用。

2.2.3 材料性能基础

现代材料科学在很大程度上依赖于对材料性能及其成分及显微组织关系的理解。因此，对材料性能的各种测试技术，对材料组织从宏观到微观不同层次的表征构成了材料科学与工程的一个重要部分，也是联系材料设计与制造工艺直到获得具有满意使用性能的材料之间的桥梁。

在公认的材料科学与工程四大要素——合成与制备过程、组成与结构、性质、使用性能——之中，性能检测与表征技术通过组成与结构在化学、物理学和环境科学基础上与其他三大要素相互联系与反馈，同样构成材料科学与工程的关键共性技术。

材料的性能一般分为以下几种：物理性能、工艺性能、力学性能和化学性能。

（1）材料的物理性能

材料的物理性能是指材料本身具有的各种物理量（热、电、光、磁等）以及环境变化时它们的变化程度，见图 2-30。

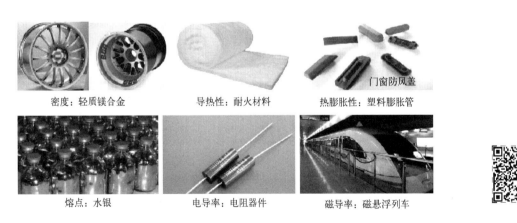

图 2-30　材料的主要物理性能

（2）材料的工艺性能

材料的工艺性能是材料力学、物理、化学性能的综合表现。主要反映材料生产或零部件加工过程的可能性或难易程度，主要表现为材料的铸造性、锻造性、焊接性、切削加工性、热处理性，简述见表 2-2。

表 2-2　材料的工艺性能

工艺性能	内容	图示
铸造性	将材料加热得到熔体，注入较复杂的型腔后冷却凝固，获得零件的方法。主要体现在材料的冶炼性能、流动性、收缩率、元素偏析倾向等	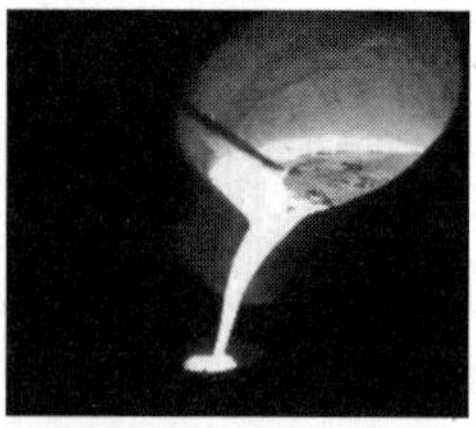
锻造性	材料进行压力加工(锻造、压延、轧制、拉拔、挤压等)的可能性或难易程度的度量。主要体现材料的延展性和韧性	
焊接性	利用部分熔体，将两块材料连接在一起，就是焊接。主要体现在两种材料的相容性	
切削加工性	切削加工金属材料的难易程度称为切削加工性能。一般通过工件切削后的表面粗糙度及刀具寿命等方面来衡量。影响切削加工性能的因素主要有工件的化学成分、金相组织、物理性能、力学性能等	
热处理性	金属热处理是将金属或合金工件放在一定的介质中加热到适宜的温度，并在此温度中保持一定时间后，又以不同速度在不同的介质中冷却，通过改变金属材料表面或内部的显微组织结构来控制其性能的一种工艺。钢铁整体热处理有退火、正火、淬火和回火四种基本工艺	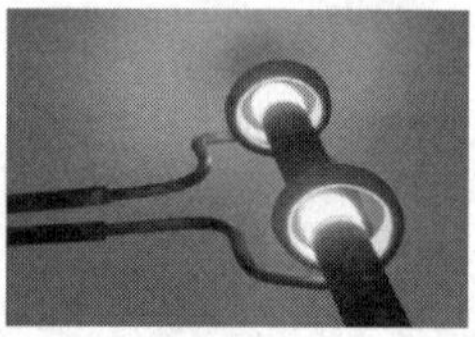

（3）材料的力学性能

材料的力学性能是指材料处于特定环境因素（温度、介质等）时，在外力或能量的作用下表现出来的变形和破坏的特征。衡量材料力学性能的主要指标有：强度、塑性、韧性、硬度、疲劳。材料的力学性能测试设备见图 2-31(a)。采用抗拉试棒［图 2-31(b)］拉伸法对材料性能进行力学性能测试，也称静拉伸，是材料力学性能实验中最基本的试验方法。

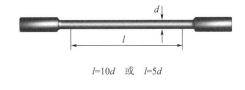

$l=10d$　或　$l=5d$

(a) 拉力试验机   (b) 抗拉试棒

图 2-31　拉力试验机及其试棒

静拉伸法可以得到材料的应力-应变曲线（图 2-32），可求出许多主要性能指标，如：弹性模量 E（零件刚度设计主要参数）、屈服强度 σ_s、抗拉强度 σ_b（强度设计的主要指标）、塑性 δ（断裂前的应变量，冷热变形时的工艺性能主要参数）。

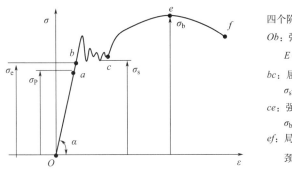

四个阶段：

Ob：弹性阶段
$$E=\frac{\sigma}{\varepsilon}=\tan\alpha$$

bc：屈服阶段
　　σ_s—屈服强度

ce：强化阶段
　　σ_b—强度极限

ef：局部颈缩阶段
　　颈缩断裂阶段

图 2-32　应力-应变曲线

① 弹性模量 E

弹性模量 E 称为材料的刚度，它表示材料在外载荷下抵抗弹性变形的能力。

机械设计中，刚度是第一位的。刚度的大小取决于零件的几何形状和材料种类（即材料的弹性模量）。刚度对某些弹性形变量超过一定数值后，会影响机器工作质量的零件如机床的主轴、导轨、丝杠等尤为重要。不同类型的材料，其弹性模量差别很大。

材料弹性模量主要取决于结合键的本性和原子间的结合力，而材料的成分和组织对它的影响不大，可以说它是一个对组织不敏感的性能指标（对金属材料而言），而高分子材料和陶瓷材料的 E 对结构和组织比较敏感。

金属材料熔点越高，E 也越高，譬如：$E_W=2E_{Fe}$，$E_{Fe}=3E_{Al}$❶。

---

❶　E_W 指金属钨的弹性模量，E_{Fe} 指金属铁的弹性模量，E_{Al} 指金属铝的弹性模量。

零件的刚度与材料的刚度不同，它除了取决于材料的刚度外还与零件的截面尺寸与形状，以及截面面积作用的方式有关。

② 屈服强度 σ_s

σ_s 定义：材料开始塑性变形的应力。

工程上常用的屈服标准有以下三种。

比例极限 σ_P：应力-应变曲线上符合线性关系的最高应力，$\sigma_s \geqslant \sigma_P$。

弹性极限 σ_{el}：材料能够完全弹性恢复的最高应力，$\sigma_{el} \geqslant \sigma_P$。工程上根据用途不同进行区别，枪炮材料要求高的比例极限，弹簧材料要求高的弹性极限。

屈服强度 $\sigma_{0.2}$ 或 σ_{ys}：以规定发生一定的残留变形为标准，通常以 0.2% 残留变形的应力作为屈服强度。

比例极限 σ_P、弹性极限 σ_{el}、屈服强度 $\sigma_{0.2}$ 或 σ_{ys}，这三种标准在测量中实际上都是以残留变形为依据，只不过规定的残留变形量不同，所以国家规定三种规范：

规定非比例伸长应力（σ_P）为 $\sigma_{0.01}$ 或 $\sigma_{0.05}$；

规定残留伸长应力（σ_γ）为 $\sigma_{\gamma 0.2}$；

规定总伸长应力（σ_t）为 $\sigma_{t0.5}$。

注意：σ_P 和 σ_t 是在试样加载时直接从应力-应变曲线上测量得到的，σ_γ 要求卸载测量。

③ 抗拉强度 σ_b

抗拉强度 σ_b 定义：在材料不产生颈缩时抗拉强度代表断裂抗力。

脆性材料：设计时，其许用应力以抗拉强度为依据。

塑性材料：代表产生最大均匀塑性变形抗力，但它表示了材料在静拉伸条件下的极限承载能力（对吊钩、钢丝绳是必要的）。抗拉强度易测定，重现性好，作为产品规格说明或质量控制的标志。材料质量取决于 σ_b 和 n，n 不能直接测量，可通过 σ_b 和 σ_s 间接了解材料加工硬化情况。

σ_b 能与材料的疲劳极限 σ_{-1} 和材料的硬度 HB 建立一定关系，淬火回火钢的抗拉强度 $\sigma_b \approx \sigma_{-1}$，$\sigma_b \approx 0.345$ HB。

因此，σ_b 被列为材料常规力学性能的五大指标之一，五大指标为 σ_s、σ_b、δ、ψ、a_k。

④ 塑性 δ

塑性 δ：断裂前的应变量，冷热变形时的工艺性能。指金属材料断裂前发生塑性变形的能力。工程上常用条件塑性而不是真实塑性，拉伸时条件塑性以延伸率和断面收缩率 ψ 表示。

条件塑性：$\delta = (L - L_0)/L_0 \times 100\%$

式中 L——试样断裂后的标距长度；

L_0——试样原始标距长度。

断面收缩率：$\psi = (A_0 - A_1)/A_0 \times 100\%$

式中 A_0——试样原始横截面积；

A_1——颈缩处最小横截面积。

若 $\psi > \delta$ 形成颈缩，若 $\psi \leqslant \delta$ 不形成颈缩，ψ 比 δ 对组织变化更为敏感。

金属材料的塑性指标是安全力学性能指标，塑性对压力加工是很有意义的。塑性大小也反映冶金质量的好坏，可以作为评定材料质量的一个依据。

除以上力学性能指标外，表 2-3 列出了硬度、韧性、疲劳的定义和测试方法。

表 2-3　硬度、韧性和疲劳的定义和测试方法

名称	定义	测试方法
硬度	是指金属在表面上的不大体积内抵抗变形或破裂的能力,硬度是生产上广泛应用的性能指标,可估算其他性能指标	以一定的试验力将压头压入待测表面,保持规定时间卸载后,测量材料表面尺寸,再通过计算得出相应硬度值。布氏硬度、洛氏硬度、维氏硬度、显微硬度,统称压入硬度。压入法硬度试验可测量脆性材料(陶瓷材料)、表面处理的工件的硬度 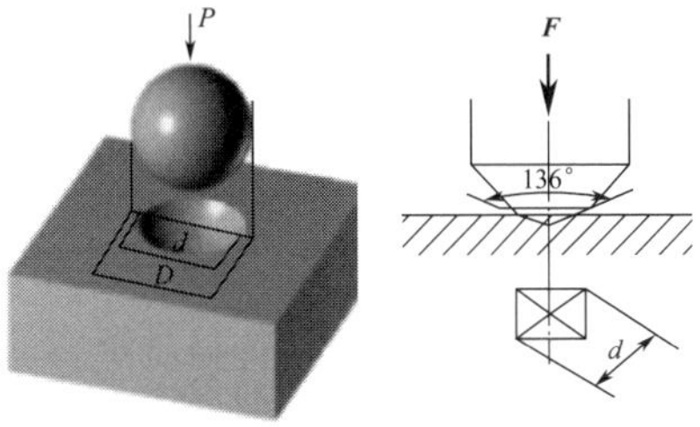
韧性	材料在冲击载荷作用下抵抗破坏的能力,用 a_k 表示	金属的夏比冲击试验,夏比冲击试验常采用简支梁冲击,以摆锤冲击试样前后的能量差来计算出冲击强度 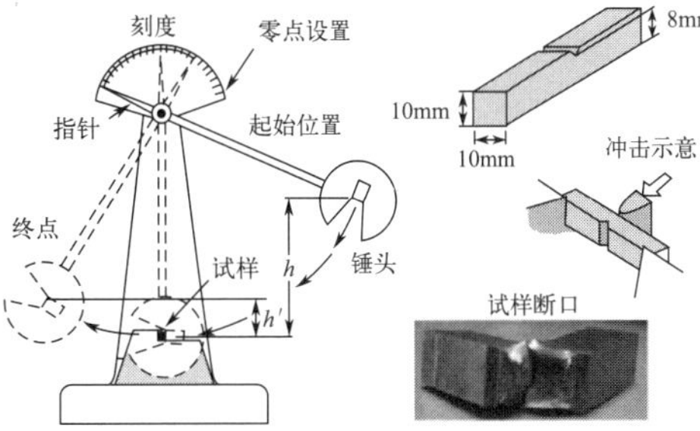
疲劳	疲劳极限 σ_{-1}:表示金属材料在无数次交变载荷作用下而不破坏的最大应力 钢材的循环次数一般取 $N=107$,有色金属的循环次数一般取 $N=108$	疲劳极限 σ_{-1}:单点实验法的依据是标准 HB 5152—96(金属室温旋转弯曲疲劳试验方法)。这种方法在试样数量受限制的情况下,可用以近似地测定 S-N 曲线和粗略地估计疲劳极限 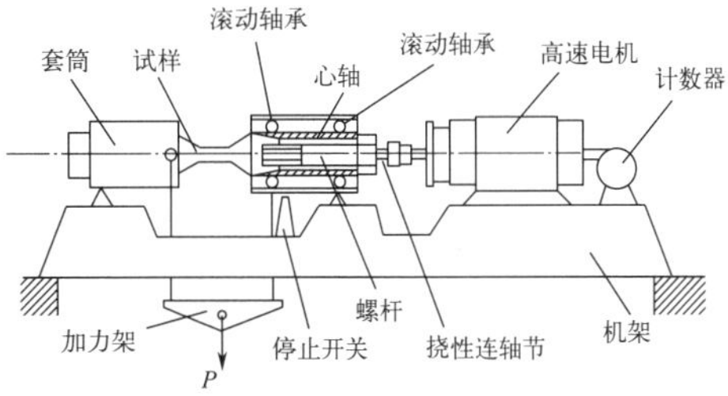

2.3　材料与环境的关系

材料是人类用于制造物品、器件、构件、机器或其他产品的基础物质。它是人类与自然环境之间的重要媒介,直接影响人类的生活与社会环境。人类社会的基本活动如衣、食、住、行,无不直接或间接地和材料密切相关。人类大量建造的基础设施对生存环境发

挥着巨大的积极作用，同时也带来了不容忽视的消极作用，即大量地消耗地球的资源和能源，在相当程度上污染了自然环境和破坏生态平衡，典型污染如图 2-33 所示。

温室效应　　　　　　　　白色污染　　　　　　　　光污染

图 2-33　环境污染举例

　　20 世纪 90 年代初，在可持续性发展理论和应用的推动下，国际材料界出现了一个新的领域——生态环境材料。在这种材料的研究和开发过程中，既要追求良好的使用性能，又要深刻认识到自然资源的有限性，尽可能降低废弃物排放量，并在材料的提取、制备、使用直到废弃与再生的整个过程中都尽可能地减少对环境的影响。生态环境材料的英文名称 ecomaterials，它是 environment conscious materials 或者 ecological materials 的缩写，也就是说这种材料是具有环境意识、考虑环境、考虑生态学的材料。它在生产的过程中对资源和能源的消耗量比较少，废弃后能够回收再利用的可能性比较大，其从生产使用到回收的全过程对周围的生态环境的影响也最小。因而它可以被称为"绿色材料"或者"生态材料"。

　　在发展新材料、新技术、新体系时，既要考虑技术对环境负担的大小，材料本身对环境的污染程度，又要顾及材料使用时的传统性能。在材料的生产过程中，做到资源和能源的消耗小、减少温室效应气体的排放、废弃物易于再生循环等，使得材料及技术本身具备环境协调性和舒适性，易于让人们接受。

　　改变废旧材料属性或使用功能，能使原本废旧的材料重新恢复使用价值（图 2-34），充满创意。

图 2-34　变废为宝

3

材料成型技术

人类文明的发展和社会的进步同金属材料的发展关系十分密切，金属材料只有在具有一定形状和结构的条件下才能具有一定的功能，才能对社会生产和人们生活产生一定的作用。所以，金属材料成型方式或金属零部件的制造技术显得十分重要。20世纪50年代前，金属材料在各类装备制造业中占绝对优势，随着人们对幸福生活的执着追求以及对装备使用性能的要求越来越高，材料制造技术的发展十分迅速，到目前已逐渐形成四大类工程材料（金属材料、陶瓷材料、高分子材料、复合材料）平分秋色的格局。随着社会和科技的进步，工程材料正朝高功能化、超高性能化、复合轻量化和智能化的方向发展，而成型方法和制造技术也由传统方法向着数字化、智能化、复合化的方向迈进。

从目前国内外科学技术的发展来看，金属材料的成型技术除了传统的铸造成型、塑性成型、焊接成型、机加工成型之外，还发展了半固态成型、粉末冶金成型、金属注塑成型、3D打印成型等新技术，如图3-1所示。

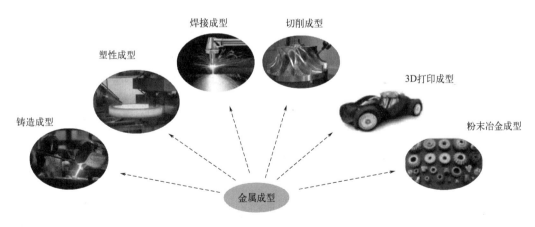

图 3-1　金属成型工艺

3.1 铸造成型技术

3.1.1 铸造成型概述

3.1.1.1 铸造的概念

铸造是"水随方圆之器"的技术，古人用"水"形容金属液，用"方圆之器"形容铸型，也就是说可以让金属液（水）流动充满预先制备的铸型（器），然后凝固而获得与铸型形状一样的铸件。

图 3-2 是铸造原理示意图，将金属液浇注到铸型中充填、冷却、凝固，形成铸件。但是在实际成型过程中远不是这么简单。为了使金属液完整充填，需要在浇注系统的设计中考虑各种尺寸因素和金属流动的工艺因素；为了得到内部完整的铸件，需要考虑砂型和砂芯的冷却因素和补缩工艺等。从图 3-3 中可以看出，铸型内部存在多种结构，这说明铸造成型的工艺是比较复杂的。

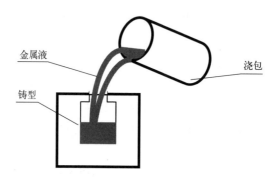

图 3-2　铸造原理

图 3-3(a) 和图 3-3(b) 画出了铸造工艺所用的上砂箱、下砂箱、各种浇道、各类冒口、通气孔、砂芯和铸件等。从概念上来说，铸型形成铸件的外形，砂芯形成铸件的内腔。冒口的作用是补充金属凝固过程中的收缩孔洞，与大气连通的是明冒口，埋于铸型中看不到的是暗冒口。通气孔的作用是平衡浇注系统和铸型在充填过程中气体的压力，并排出高温金属液充填过程中产生的高温气体，保持浇注金属液的通畅。这些工艺措施的具体设计直接关系到铸件质量和成本效益，是铸造成型技术的核心问题之一。

图 3-3(c) 是汽车发动机的曲轴铸件，其结构复杂，对强度和表面耐磨性都要求很高，是典型的受力件，目前采用球墨铸铁铸造生产。图 3-3(d) 是汽车发动机缸体铸件，是一个典型的复杂件。不仅外形复杂，其内部的结构也非常复杂。缸体内部冷却水道要求光滑且无法进行切削加工，要求铸造成型直接使用。这就对形成冷却水道的水套砂芯材料和工艺有非常高的要求，往往是金属铸造的控制难点。

铸造曾经称为"翻砂"。"翻砂"工艺的出现最早可以追溯至北朝[14]，是中国古代铸造技术发展的重要标志。中国青铜器的铸造大部分是范铸，范铸工艺是干型硬范铸造，按材质可分为陶范、石范、铜范和铁范等。范铸也是先秦铸造铜钱货币的主要工艺，其中，模印陶范叠铸工艺是范铸法铸钱的最高阶段。翻砂工艺是湿型或软型铸造，是中国铸钱业在传统范铸工艺基础上的新发明。学术界已经普遍认同，中国在唐宋时期就已经采用成熟的翻砂法来铸造钱币。所以，用"翻砂"表示铸造的历史很长，从南北朝到现在有一千多年。现在，随着技术进步和学科的发展，"翻砂"已经不能代表铸造技术的全部，正式专业名称为"铸造"，学科名词为"液态金属成型"。但是，"翻砂"代表了一个时代，而且也是铸造技术很形象化的名词，是中国铸造文化的一部分。表 3-1 所示的是"范铸"和"翻砂"两种工艺在古代铜钱制造上的异同。

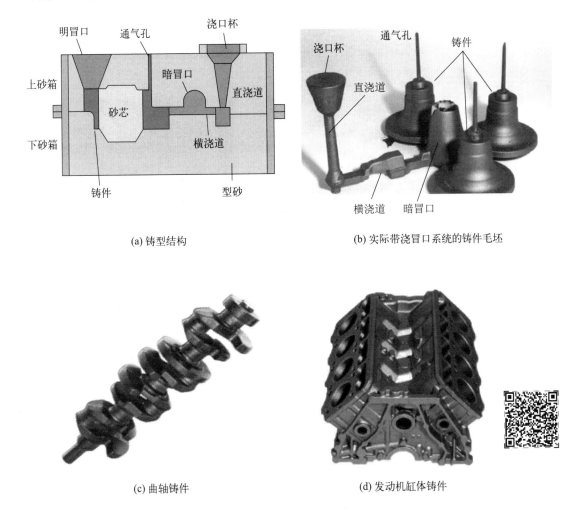

(a) 铸型结构

(b) 实际带浇冒口系统的铸件毛坯

(c) 曲轴铸件

(d) 发动机缸体铸件

图 3-3　铸型和铸件毛坯

　　科学技术发展到现在，"铸造"这个词已经不能表达液态金属成型的全部学术内涵，因此，现代机械学和材料学都已经用"液态金属成型"或"材料加工"来替代"铸造"。从"翻砂"到"铸造"，再到"液态金属成型"，足以说明古老的铸造工艺已经从一门"技艺"发展成为一门学科，成为现代社会经济的基础支撑之一。

表 3-1　范铸和翻砂铸钱的区别

项目	范铸	翻砂
铸型	新莽"大泉五十"叠陶范包	铸钱翻砂实验模块
	南朝梁公式女钱铜母范	铸钱翻砂实验模型
材料	耐火泥为主烧制的陶范	砂、细泥、细炭末和水
特点	铸型型腔表面细腻平整,强度好,可重复使用	铸型表面较为粗糙,铜钱需要打磨,且容易出现缺陷。铸型不能重复使用
铜钱质量	正品(战国方足布) 正品(汉五铢钱)	正品铜钱(唐开元通宝) 次品铜钱(唐开元通宝)

3.1.1.2　铸造的起源

铸造的起源一直是人们想要弄清楚的问题,但是古代遗存十分稀少,只能从考古学的蛛丝马迹去发现铸造的历史痕迹。众所周知,人类历经几百万年从丛林走向平原,度过了旧石器时代的茹毛饮血，也经历了新石器时代的刀耕火种。近年，人们在西亚的穆赖拜特遗址发现大约 9500 年前的铜锥、铜珠等物件；在苏美尔城邦发现公元前 4500 年的铜冶炼遗迹，确信当时的人们能够实现从矿石中把铜、锡、铅等金属冶炼出来，并得到青铜，并在石范中浇注，有了简单青铜器具，铸造由此而诞生；公元前 3500 年，在叙利亚也出现大量的铜制工具，出土的铜器经测试后发现青铜的成分为砷 0.4%～2.0%、镍 0.4%～2.1%、锡 1.5%左右；同时代的伊朗叶海亚遗址也发现大量的铜锥、铜凿等，说明青铜冶炼已经成熟，铸造技术已经进入成熟期[15]。

图 3-4 简要说明了铸造的起源过程，从图中可以看出，铸造起源的三要素为矿石（金属源）、高温（火）、模范。根据前文，可以得出结论：铸造的起源和人类社会的发展是同步的，考古证实了世界铸造技术起源于公元前 4500 年，成熟于公元前 3500 年，世界有约6500 年的铸造史；我国铸造起源于公元前 3280—前 2750 年，成熟于公元前 1750 年前后，有 5000 年左右的铸造史，比西方晚 1500 年左右。

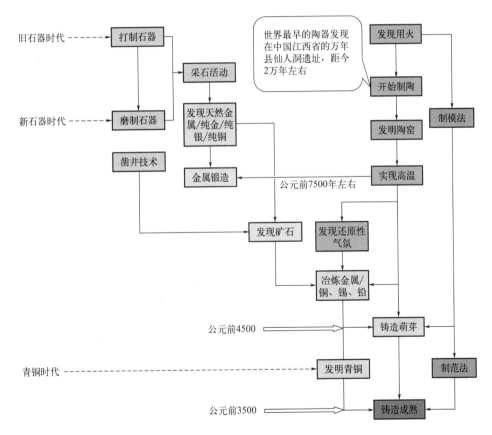

图 3-4　世界铸造的起源时间简图

3.1.1.3　铸造的关键

古人为什么用"水"来表示金属液？物理学告诉我们，金属在高温下熔化，像水一样流动。因此，铸造过程是高温液态金属的流动过程。

古人为什么用"方圆之器"表示铸型？器型可圆可方，意味着铸型的设计和制作随形而定，讲究技巧。

中国先哲荀况（公元前313—前238年）在《荀子·强国》中记载了"刑范正，金锡美，工冶巧，火齐得"，说的是铸造青铜器时，要型范准确、配料合理、工艺精巧、冶炼得当，这是中国最早有关铸造的全面记载。现代术语可以将铸造工艺归纳为四个关键方面：液态金属成分设计、铸造工艺设计、造型制芯、金属冶炼浇注。

铸造成型过程包含哪些环节？铸造成型是个系统工程，不仅仅涉及技术，更有赖于管理。图3-5是垂直分型射挤压造型生产线的示意图，说明了铸造工艺过程的概貌。铸造工艺过程分为：熔化工部、造型工部、砂处理工部（含混砂、旧砂再生）、浇注工部、清理工部。根据不同的铸造技术和生产批量大小，其所呈现的工序的多少、繁简程度、设备种类和数量、占地面积也会有很大的不同。

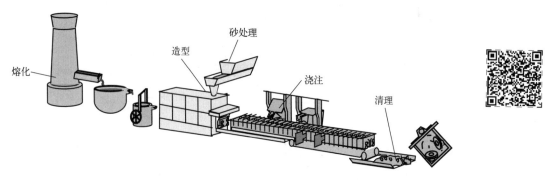

图3-5　垂直分型射挤压造型铸造过程

3.1.1.4　铸造的特殊优势

铸造成型技术和其他金属成型技术相比有许多独特的优势，譬如成型零件不受结构形状的限制、不受材料种类的限制，成本相对较低等，使其在工程中占据着重要地位，在装备制造业中不可替代。铸造成型技术尤其适合下列类型的零部件成型：

① 难成型的材料——高温合金铸造的构件，如航空发动机的高温叶片等，见图3-6(a)；

② 难以机械加工的复杂结构件，如汽车发动机缸体、刹车盘等，见图3-6(b)；

③ 复杂异型金属结构件，如船舶用螺旋桨、汽车进气歧管、大型风力发电机零部件等，见图3-6(c)；

④ 特大型金属构件，如发动机转子（总重430吨）见图3-6(d)；

⑤ 要求大批量制造、成本低的通用设备结构件，如汽车轮毂等零件，见图3-6(e)；

⑥ 艺术类的金属构件，如古代青铜器、现代艺术铸件等，见图3-6(f)；

⑦ 集成设计制造金属构件，即将原本几个单独制造的零件集成制造，节约工序、提高质量，见图3-6(g)。

铸造还有一个显著特点就是成型工艺多种多样。对于不同的金属材质、不同的尺寸大小、不同的质量和成本要求，都能够找到其相对应的铸造成型方法，使得零件的生产效益

(a) 难成型的材料——高温合金铸造的叶片　　　　　(b) 难以机械加工的复杂结构件

(c) 复杂异型金属结构件　　　　　　　　　(d) 特大型金属构件

(e) 要求大批量制造、成本低的通用零件　　　　　　(f) 艺术类的金属构件

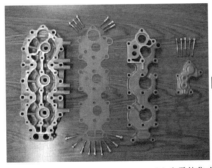

(g) 多零件集成制造金属构件

图 3-6　典型的铸造成型零部件

得到最大化保证。图 3-7 所示的是不同材质、由小到大的铸件比较适合的典型铸造方法。

　　历史发展到今天，我们的生活已经离不开铸造，铸造产品无处不在。小到日常的锅碗瓢盆，大到数百吨的电站和轧钢设备铸件；从普通的五金工具，到尖端的如航天飞机发动机部件等，都少不了铸件！因此，铸造生产是先进制造技术和日常生活中必不可少的组成部分。如图 3-8 所示，交通工具、通用工业零部件、铸造艺术品、日常生活用品等，在我

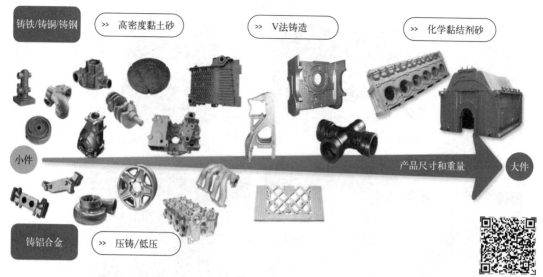

图 3-7　不同材质、不同大小铸件的合适铸造成型方法

们的生活中无处不在。铸造是工业化、现代经济生活的基础，已经融入了我们的生活，隐而不见却无所不在。

图 3-8　生活中的铸造产品

3.1.2　古代铸造技术简介

　　铸造是人类掌握最早的金属热加工工艺之一，中国铸造历史较为精确的说法是有5000 多年，它的文物证据是马家窑文化（公元前 3800—前 2000 年）的青铜刀，出土于甘肃省临夏回族自治州东乡族自治县林家遗址，也称为"中华第一刀"（图 3-9）。经考古分析测定，它是含锡的合金（含锡量 6%～10%），为青铜制品，有可能是用木炭直接还原

锡石和氧化铜矿的混合物得到的,由范铸而成。综合分析认为当地已能进行冶铸铜器的生产,标志着当时社会生产力的巨大变革和高度发展。

"中华第一刀"　　　　　　　　　　　林家遗址

图 3-9　"中华第一刀"及林家遗址

中国约在公元前 1700—前 1000 年之间进入青铜铸件的全盛期,工艺上已达到相当高的水平。青铜器的制作主要是范铸法,也有部分器件采用的是失蜡法,下面介绍这两种铸造法。

3.1.2.1 范铸法

陶范法通常是从一个初步模型开始,用泥料制作,模上可带着纹饰,也可不加装饰。从模型上翻制范具,需要以分段制作的方式进行。工匠在范具上面往往会增加其他的功能部件或装饰部件,以及浇注铜液用的子母口。分段制作方法有利于在浇铸之前正确地组合分段制作的范具。范具分段的数目应依制造需求而定,只要范具能在脱模的时候不被损坏就可以了。因此,分范时必须避免模型产生崩边,否则范具将会损坏。图 3-10 显示了铸造一件器物必须有的范具部件[16]。

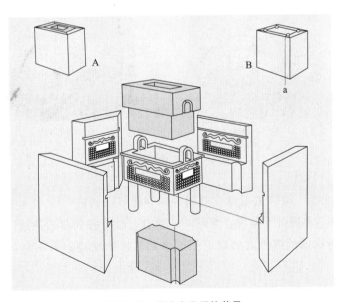

图 3-10　铸造方鼎用的范具

A—组装好的范具;B—准备浇注金属液时,范具倒置古青铜器往往有一字千金之说，由此可见青铜铭文的珍贵，它有着极其重要的史料及研究价值。铭文的制作常采取贴泥条的方式，器物外壁铭文，需在范面粘贴反字泥条，铸后得到阴文正字。青铜器上精美的纹饰通常是在范面上进行的，首先起稿，然后画线、挖主纹、压底纹、贴泥条等，都是细作活。需要注意的是，刻出来的纹饰与浇铸出来、体现在器物上的纹饰是反的，凸起处在器物上就相应的是凹面，如图 3-11 所示。

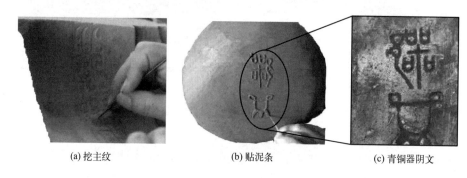

| (a) 挖主纹 | (b) 贴泥条 | (c) 青铜器阴文 |

图 3-11　范具上纹饰的制作

已经出土的一些古代模型残件是用泥土制作的，如图 3-12 所示，但是，模型也可以用木材、树脂、蜡、动物油脂、沥青或多种材料混合制作。模型的材质必须强韧到能在陶范脱模时不被损坏。

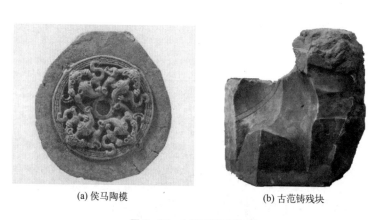

| (a) 侯马陶模 | (b) 古范铸残块 |

图 3-12　古代模型残件

根据考古专家分析，著名的后母戊鼎就是四分法范铸而成[17]。在范铸工艺中，凡范与范对合，就会在铸件表面留下范缝。凡范与芯对合，就会在铸件表面留下芯痕或芯撑的痕迹。图 3-13 所示青铜器的内外表面留下了披缝和芯撑的痕迹。采用范铸的技术逻辑原理对后母戊鼎的制作方法进行研究，可以发现后母戊鼎由 4 块范夹 2 个芯铸造而成，采用的是当时较普遍的范铸工艺，属于典型的范铸法造型。经观察发现，在后母戊鼎的纹饰中，凡与主纹尾部直接连接的雷纹多为双头雷纹，这与商晚期三层花纹饰的制作工艺相同，是当时流行的普遍工艺。经研究认为，后母戊鼎的范铸工艺与同时期中小型方鼎的范铸工艺一致，说明其制模、制范、制芯及纹饰制作工艺都与时代同步。由于后母戊鼎的体积超大，且铸芯无法移动，在烘烤烧造过程中必须使范芯之间保持一定的空间，范和芯之间才能使热量通过均匀化。这造成了后母戊鼎壁过厚以至四足缺肉。这也是它与同时代的青铜鼎不太一致的地方，器壁显得较厚。

在图3-13(b)的数字1处可看到一个明显的浇口断茬，断茬两边有明显的缩窝以及浇铸时铜液从范下流出来的不规则披缝。这些现象表明当时铸造好大鼎后，对这些芯撑槽曾进行了铸后的补铸，将这些芯撑槽用铜液填平。在数字2处的芯撑槽内，尚可看到里面的芯料，其表面有明显被高温铜液灼成的黑灰层，说明此槽内曾经浇铸过铜液，也可判定数字2处当时也进行了相同的铸后补铸，只是后来补铸块脱落了。

(a) 铸造披缝　　　　　　　　　(b) 内腔可见的芯撑座

图3-13　后母戊鼎的范铸痕迹

3.1.2.2　古代失蜡法

据考证，中国古代失蜡法至少起源于春秋时期，战国之前的青铜器采用失蜡法的很少[18]。自战国、秦汉以后，失蜡法开始流行，尤其是隋唐以后，铸造青铜器采用的多是失蜡法。现代艺术铸造中，中小型青铜器基本上是失蜡法制造。尽管我国失蜡法的起源晚于两河流域，但是其高超的技术和取得的成就是无与伦比的。

各时期的失蜡法除了用料不一样，制作方式基本相同。不同的是中华民国以前失蜡法基本上用古法，一模一器，而现代失蜡法同一个模具可以重复使用，大大降低了制作成本。上海博物馆根据古代失蜡法的工艺开发了一套适合青少年实践制作的手工失蜡法制作程序，基本流程如下：

① 先堆塑泥范芯，见图3-14(a)；

② 阴干之后在范芯上贴蜡片（多用动物油脂，如牛羊油加蜂蜡，在天冷时才能凝固，所以古代夏天不能铸造），见图3-14(b)；

③ 在蜡型上雕刻各种精美的纹饰及复杂的镂空造型，各种足、耳等附件焊接好，烫接浇口棒、排气孔，见图3-14(c)；

④ 将极细的沉泥浆均匀地敷在蜡模表面，不留有空隙，阴干后用草拌泥包外层，再次阴干后用低温烤泥包，令里面蜡层融化从排气孔流出（蜡可重复使用），见图 3-14 (d)、(e)；

⑤ 将泥包用 850℃ 高温焙烧，令泥包形成陶土，见图 3-14(f)；

⑥ 然后将泥包埋于地下向内浇注铜水，冷却后打碎泥型，得到青铜器，见图 3-14 (g)。

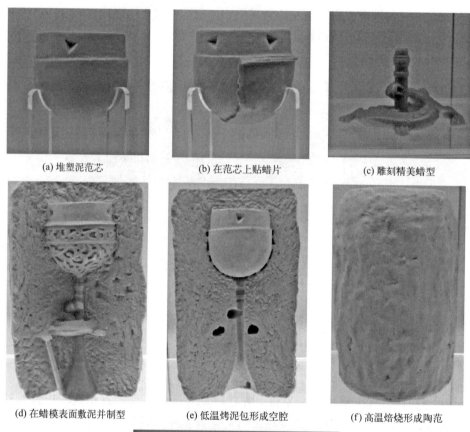

(a) 堆塑泥范芯　　　　(b) 在范芯上贴蜡片　　　　(c) 雕刻精美蜡型

(d) 在蜡模表面敷泥并制型　　(e) 低温烤泥包形成空腔　　(f) 高温焙烧形成陶范

(g) 浇注铜水并取出铸件

图 3-14　手工失蜡法的制作程序

需要注意的是，古代失蜡法和现代失蜡法由于时代不同，现代失蜡法所用材料和模具更加先进，所以两者有明显的区别。现代艺术铸造领域，中小型青铜器几乎都是采用失蜡法工艺，但是古代并没有现代高分子蜡料、硅胶、石膏型、金属模具、硅溶胶或水玻璃型壳，而是天然蜂蜡、泥型，所以很难相提并论。根据考古和技术史专家的认真研究，一般认为中国春秋时代之前的青铜器采用失蜡法的不多[19]。

3.1.3 高密度黏土砂铸造技术

早期的湿型黏土砂与目前所用的湿型砂差别很大，而且所用的主要是天然的黏土黏结砂，其采掘以后，加水混拌后就可以使用。这种黏土砂中的黏土主要是高岭土质的耐火黏土。

18世纪后期，简单的造型机问世以后，逐渐强化了对型砂性能的要求。随着造型机不断地改进、优化，19世纪初期催生了混砂机，混砂机加速了由天然黏土黏结砂到合成砂的转变。目前，世界各国所用的湿型黏土砂都是加膨润土配制的，湿型膨润土砂的应用有一百多年了。

从最原始的手工造型到各种现代化的自动造型生产线，将湿型黏土砂作为造型材料，都有令人满意的效果。湿型黏土砂能适应各种舂实方式，如手工紧实、震实、压实、抛砂、射砂、气冲、静压等造型工艺。高密度黏土砂铸造技术是伴随着机械化造型机的发明出现的，现在依然是小型铸铁件批量化生产的主要铸造方法。

3.1.3.1 高密度湿型黏土砂概述

高密度湿型黏土砂铸造是铸造行业中最广泛使用的造型方法，其原理是利用机器较高的机械压力对湿型黏土砂进行压实，可得到致密度很高的砂型，所以称为高密度造型。用于高密度造型的湿型黏土砂也称为高密度湿型黏土砂[20]。

高密度型砂组分主要有石英砂、黏土、煤粉、水等，在专用型砂混砂机中混合而成。其各种成分的配比如表3-2所示。

表3-2 高密度湿型黏土砂配比

材料	含量				
	石英砂	死黏土	有效膨润土	灼减量	水分
铸铁	70～80	5～8	6～10	3～5	2～4
铸钢	75～85	6～9	6～9	2～3	2～4

根据研究，湿型黏土砂微观结构如图3-15(a)所示，其中石英砂是以石英（水晶）为主要成分的砂的总称，大多数含有不纯物长石等杂质，见图3-15(b)。石英砂的外围有一层经过反复再生回用后烧结而成的鲕化层，属于多孔结构。鲕化层类似于风干的鱼骨头结构，解释为黏土砖的微观多孔结构可能让人更好理解，能够较好地吸附和保存水分，使得最外层的膨润土黏结剂实现较长时间的保水，让有效黏结时间延长，型砂的强度和韧性较优。如果水分不能在鲕化层中被吸附，很快就会挥发，使膨润土的黏结效率下降，型砂质量变差。

金属材料的浇注温度对石英砂的品质有要求，生产铸钢件的石英砂中的 SiO_2 含量应大于 96%，厚大铸钢件要求更高。生产铸铁件的石英砂中的 SiO_2 含量应大于 92%，对于生产小型薄壁件或铝合金件的石英砂中的 SiO_2 含量要求可以低些。

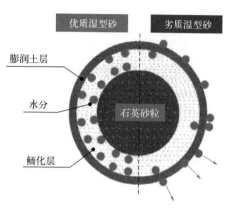
(a) 黏土砂微观结构模型

(b) 石英砂

图 3-15　高密度湿型黏土砂

混合好的黏土砂不需要烘干，直接在机械力的紧实之下使用，效率高、成本低，满足大批量小型铸件生产的需要。其典型性能指标要求建议如表 3-3 所示。

表 3-3　高密度湿型黏土砂指标要求建议

性能	单位	建议
含水量	%	2.5~3.5
紧实率	%	35~45
透气性	$cm^4/(g \cdot min)$	150~250
湿压强度	kPa	140~160
热湿拉强度	kPa	3.5~4.0
干压强度	kPa	360~440
有效土含量	%	6~8.5
灼减量	%	1.5~3.5
AFS 细度	量纲为 1	40~66

理想的铸型应当具有高的硬度以保证生产的铸件具有准确的尺寸，并同时保证有较好的透气性能。实际上铸件尺寸的复制能力与铸型的硬度密切相关，而铸型的硬度又是通过高压造型获得的，这必将损害透气性能。高压造型通过在砂箱的上下两端面进行高压压实，可以使砂箱内部的砂型获得比较一致的硬度，同时使内部保持较好的透气性能。砂型

中的复杂部位都可以得到很好的成型并保持高的强度，对于凸出高差较大的模样也能够实现无芯造型，如图 3-16 所示。图 3-16（a）模样凸出部位高达 280mm，内部筋板较多，传统砂型铸造很难造型，必须依靠砂芯实现。高压造型机的型砂由于水分含量少会获得比传统造型方法更好的流动性能，容易充填复杂型腔，可以实现机械取模，见图 3-16（b）。图 3-16（c）显示高压造型黏土砂成型表面精确、光滑、无浮砂。

(a) 高凸出模样　　　　　(b) 自带砂芯黏土砂铸型　　　　　(c) 高精度表面状态

图 3-16　高密度黏土砂无芯铸型

高密度湿型黏土砂被成功应用于铁合金（铁、钢）与非铁合金（铝、铜、黄铜）的铸造生产中，可用于生产大批量尺寸精确的铸件（图 3-17）。相对传统铸造方法而言，高密度（或高压）造型代表了当前湿型黏土砂造型工艺中最为有效的技术。

图 3-17　用高密度湿型黏土砂生产的铸件

3.1.3.2　高密度湿型黏土砂造型原理及造型机

能够达到紧实要求的高密度造型技术包括：微震压实、射挤压、气冲、气流/液压压实。表 3-4 所示的是高密度造型的几种典型方式。高密度湿型砂造型系统是包含了部分或全部自动化过程的机械系统，是当今铸造行业砂型铸造的主要类别之一。

表 3-4 高密度造型的几种典型方式

造型方式	结构简图	典型造型机
震压式造型	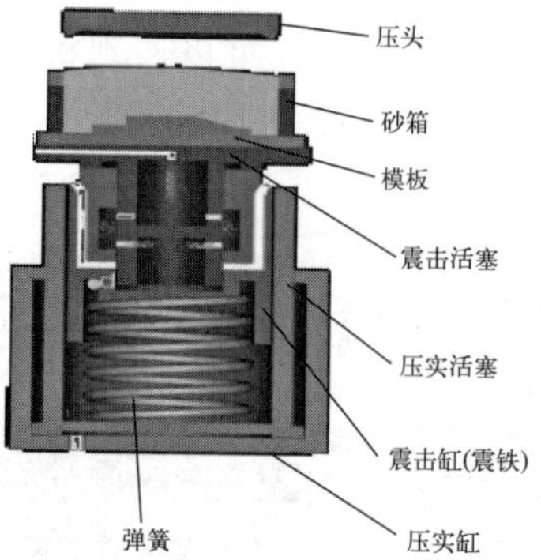 压头 砂箱 模板 震击活塞 压实活塞 震击缸(震铁) 压实缸 弹簧	
多触头高压造型	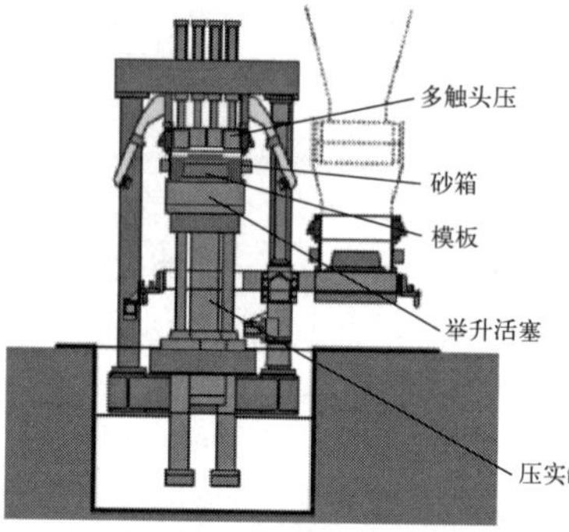 多触头压 砂箱 模板 举升活塞 压实缸	
垂直分型射挤压造型	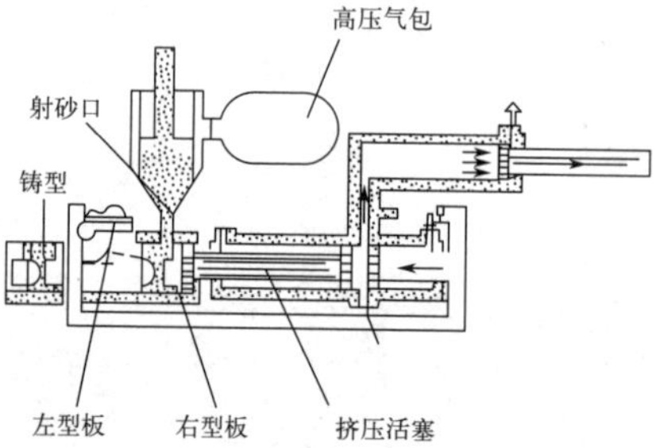 高压气包 射砂口 铸型 左型板　右型板　挤压活塞	
水平分型射挤压造型	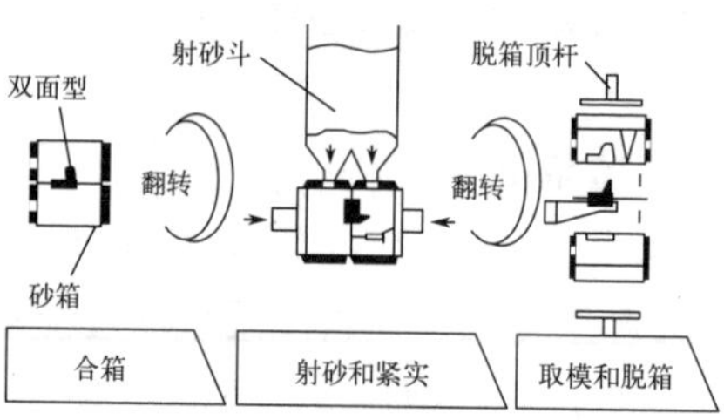 射砂斗　脱箱顶杆 双面型 翻转　翻转 砂箱 合箱　射砂和紧实　取模和脱箱	

造型方式	结构简图	典型造型机
水平射压 有箱造型	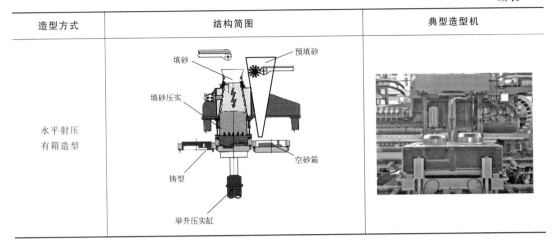	

3.1.3.3　典型高密度湿型黏土砂铸造生产线

以静压造型生产线为例，静压造型生产线为开放式布置，由静压造型机、合箱机、铣浇冒口机、分箱机、捅箱机、浇注机、转运小车、清扫机及型砂输送机等组成，此外还有为完成砂箱运送而设置的辅机，这些辅机的结构和工作原理大多比较简单，一般由机械机构（常以机械手的形式出现）、驱动装置（气动、液压或机械传动）以及定位和缓冲装置等组成。

静压造型生产线在铸造行业里已得到广泛应用，通过技术的不断创新，双工位旋转工作台改进成双射头、双模板工作台，改进后的造型主机，可以上下箱同时造型，造型速度快、效率高。静压生产线铸造工艺流程如图 3-18 所示，全线采用全自动造型方式，可完成铸件的造型、浇注、冷却、落砂等工序，主要工艺流程如下：

下箱加砂→压实→起模→推箱；

上箱加砂→压实→起模→推箱→双箱翻箱→钻浇冒口→人工下芯→上箱翻箱→合箱→自动锁箱→人工浇注→自然冷却→捅箱落砂→自动分箱→自动上箱。

图 3-18　双射头静压造型生产线

3.1.3.4 高密度湿型黏土砂铸造的优缺点

高密度湿型黏土砂铸造的优点如下。

① 提高了铸件尺寸精度,线性公差是传统铸造方法生产出的铸件的 1/3。

② 高密度造型替代传统震击/压实造型方法后,铸件质量减少高达 10%～15%。

③ 改善铸件表面精度。铸型表面紧靠模样部分的紧实度增加,提高了铸型表面的清晰度,从而使铸件有更好的表面质量,见图 3-19。

④ 改善了生产环境,提高了生产效率。

其不足之处是设备投资大,维护成本高。

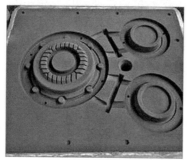

图 3-19 双射头静压造型生产线生产的铸件

3.1.4 树脂砂造型制芯技术

3.1.4.1 树脂砂概念

树脂砂是铸造中常用的造型、制芯方法之一,适用于多品种、各种批量铸件的生产,具有型砂流动性好、铸件尺寸精度高、表面光洁度好、浇注后的型(芯)砂溃散性好、旧砂容易再生等特点。在汽车、机床、水利机械、工程机械、矿山机械等领域普遍使用,典型产品如图 3-20 所示。

树脂砂采用化学黏结剂技术,其黏结剂是高分子物质,分子量很大,主要由 C、H、O 和 N 等元素组成,按其分子结构可分为线型树脂和体型树脂。树脂砂黏结剂中的树脂必须是在造型时为线型树脂,在造型后型砂固化过程中树脂应该逐步成为体型树脂,砂型才能产生强度。树脂砂铸型的硬化过程不需要人为过多紧实。当型砂配方设计好并混好砂以后，在造型或者制芯过程中仅仅需要适当紧实就可以获得强度高、表面平整的砂型和砂芯，摆脱了铸造生产长期依靠人工经验和手艺的局面。

铁路配件　　　　　核电零件　　　　　水泵

风电配件　　　　　大机床铸件　　　　　汽车覆盖件模具

图 3-20　树脂砂技术生产的典型铸件

目前我国砂型铸造主要分为以下三类：湿型黏土砂、树脂砂和水玻璃砂。其中，90%以上砂芯为树脂砂（汽车铸件生产100%为树脂砂）制造。而造型工艺中，占主导地位的除湿型黏土砂外，就是自硬树脂砂。树脂砂在铸造生产中的应用比重高，是因为树脂砂革新了铸造生产过程，彻底改变了铸造生产面貌。与其他型砂工艺相比，树脂砂具有生产适应性强，可显著提高铸件的表面质量和尺寸精度，废旧砂可用干法、热法再生等诸多优势。

造型制芯工艺与传统的手工造型制芯方法相比显著地提高了生产效率及铸件质量。现代化树脂砂制芯车间已经呈现环保、集约、自动化生产模式，见图 3-21。

(a) 现代化树脂砂铸造车间　　　(b) 冷自硬砂系统概况图　　　(c) 树脂砂快速造型圈

图 3-21　现代化树脂砂生产场景

3.1.4.2　树脂砂种类

树脂砂的种类繁多，主要根据化学组成、硬化方式、来源等进行分类，如图 3-22 所示。

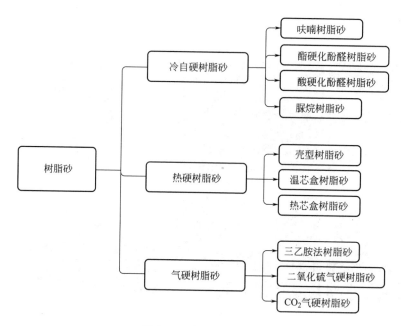

```
                                    ┌─ 呋喃树脂砂
                        ┌─ 冷自硬树脂砂 ─┤─ 酯硬化酚醛树脂砂
                        │            ├─ 酸硬化酚醛树脂砂
                        │            └─ 脲烷树脂砂
                        │
                        │            ┌─ 壳型树脂砂
            树脂砂 ──────┼─ 热硬树脂砂 ─┤─ 温芯盒树脂砂
                        │            └─ 热芯盒树脂砂
                        │
                        │            ┌─ 三乙胺法树脂砂
                        └─ 气硬树脂砂 ─┤─ 二氧化硫气硬树脂砂
                                     └─ CO₂气硬树脂砂
```

图 3-22　树脂砂的分类

　　目前常用的树脂黏结剂以合成树脂黏结剂为主，用于铸造黏结剂的都是高分子化合物，分子呈长链状排列，而长链间存在共价键，交织形成类似网状结构。加温加压使其固化后，分子之间会产生"交联反应"，使树脂结合紧密且坚硬，即使加温也无法熔融或是回到原来的样子。根据其硬化方式，树脂砂常分为热硬、冷硬、气硬三种，具体见表 3-5。

表 3-5　常用树脂砂的分类

硬化方式		树脂砂原理及应用	砂芯实例
热硬	壳型（芯）	将热塑性酚醛树脂、潜伏性固化剂（如乌洛托品）、润滑剂（如硬脂酸钙）与原砂通过一定的混合工艺配制成覆膜砂，覆膜砂热时与包覆在砂粒表面的树脂融合，在乌洛托品分解出的亚甲基的作用下，熔融的树脂由线型结构迅速转化成不融合的体型结构，而使覆膜砂固化成型。可用于中小型精密铸钢、铸铁、铝合金等	
	热芯盒（温芯盒）	热芯盒法（hot box process）和温芯盒法（warm box process）造芯：将液态热固性树脂和催化剂配制成的芯砂吹射入加热到一定温度的芯盒内（热芯盒为180～250℃；温芯盒为低于175℃），贴近芯盒表面的砂芯受热，其黏结剂在很短时间内缩聚而硬化的工艺。可用于小型复杂铸钢、铸铁和铝合金铸件	

硬化方式		树脂砂原理及应用	砂芯实例
冷硬	气硬冷芯盒（三乙胺法）	冷芯盒工艺是使砂芯直接在芯盒内硬化，可以不需外部加热而直接获得高强度砂芯。完全气化的催化剂（三乙胺）使树脂[黏结剂：组分1为约30%（占原砂质量分数）液体酚醛树脂，组分2为约30%（占原砂质量分数）液体聚异氰酸酯]和原砂的混合物在短时间内硬化。可用于铸铁、铸钢的复杂砂芯	
	自硬树脂砂、呋喃树脂砂	将原砂、液态树脂及液态催（固）化剂混合均匀后，填充到芯盒（或砂箱）中，稍紧实即于室温下在芯盒（或砂箱）内硬化成型，叫自硬冷芯盒法造芯，简称自硬法造芯（型）。基本配方（质量分数）：以原砂（再生砂）100%为基础，添加树脂黏结剂（原砂质量的0.8%~2.5%），催（固）化剂（树脂质量的10%~60%）。主要用于铸铁、铝合金件	
	碱性酚醛树脂	同自硬树脂砂，黏结剂采用碱性酚醛树脂，配方也相似。主要用于铸钢件	
	酚脲烷自硬树脂砂	酚脲烷自硬树脂砂是采用双组分黏结剂（酚醛脲烷树脂组分、异氰酸盐组分），在液态吡啶的作用下硬化。获得高强度的自硬砂。主要用于精度要求较高的铸钢、铸铁、铝合金等零件铸造	

3.1.4.3 树脂砂的主要应用

在可预见的数年内，树脂砂仍是我国砂型铸造造型、制芯工艺的首选。近些年来，在我国，采用无机黏结剂，特别是新型硅酸盐无机黏结剂取代树脂砂造型、制芯来生产铸铝件和铸铁件，已成为应用研究的热点。但要达到全面推广应用，仍有诸多技术瓶颈须克服。故在无机黏结剂砂工艺性能达不到现有树脂砂工艺水平的情况下，目前，树脂砂工艺的应用格局不会有太大的变化。根据我国铸造行业的特点，以及汽车产业的发展对铸件要求的提高，制定了不同复杂程度的砂芯的适用条件，见表3-6。

表 3-6 砂芯的分级与树脂砂的使用

级别	砂芯图片	结构特点	加工要求	制芯方法
I		断面细薄、形状复杂	质量要求高的不加工(缸盖水套芯、阀体)	壳芯、气硬冷芯盒
II		形状复杂、局部比较薄、比 I 级芯稍大	全部被金属液包围,质量要求高的不加工表面	壳芯、气硬冷芯盒、热芯盒
III		中等复杂,有较多的凸缘、筋片、棱角等	质量要求较高的不加工表面	热芯盒、自硬冷芯盒
IV		形状不复杂,有较少的凸缘、筋片、棱角等	质量一般的不加工表面	自硬冷芯盒(砂芯强度要求较高)
V		简单的大砂芯	质量要求不高的不加工面	自硬冷芯盒

3.1.4.4　自硬呋喃树脂砂型硬化机理

在我国,自硬呋喃树脂砂工艺是自硬砂中应用最广泛、技术最成熟和积累经验最多的一种造型、制芯工艺,被广泛应用于铸钢、铸铁和非铁铸造合金的机床、造船、阀门、机车车辆、通用机械和重型机械等中、大件单件小批量铸件的生产。

目前呋喃树脂占我国整个树脂用量的 $75\%\sim80\%$。用自硬呋喃树脂砂生产的铸铁件尺寸公差等级可达 DCTG10～DCTG11,比湿型砂高;铸件表面粗糙度 Ra 达 $25\sim50\mu m$,比湿型砂高 1～2 级;最小壁厚可达 3mm,铸件废品率可稳定在 5% 以下。车间单位面积的铸件产量比原湿型砂翻了一番,铸件的清砂效率提高三倍。在生产结构复杂、要求高的出口铸件及其他重要产品的铸件中,已取得了明显的经济效益和社会效益。

自硬呋喃树脂砂的配方如表 3-7 所示。

表 3-7　呋喃树脂砂基本配方

材料	石英	黏结剂(占原砂量)	固化剂(占树脂量)	附加物
含量/%	100	0.8～1.5	30～50	微量

呋喃树脂是以糠醇改性的脲醛树脂，即通常所说的呋喃Ⅰ型树脂。其结构以呋喃环为主，在结构链中有相当高浓度的羟甲基（—CH₂OH—）存在，并有次甲基桥（—CH₂—）作为链节间的主要化学键，见图3-23。它是低聚合度的缩聚树脂，为棕色或暗棕色黏稠液体，黏度为 $2\sim3Pa\cdot s$，pH 在 $5.2\sim5.5$ 之间，含水量 $\leqslant18\%$，可存放半年以上。

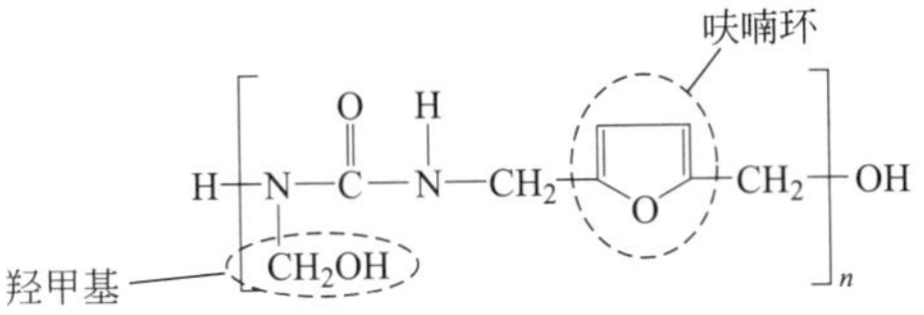

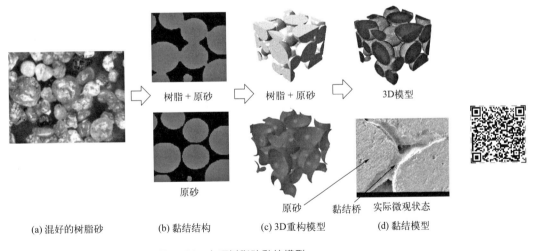

图 3-23　呋喃树脂分子结构式

呋喃树脂砂的硬化反应是线型的脲醛糠醇树脂，因含有羟基、活泼氢原子和不饱和双键（呋喃环上的双键），在酸性催化剂的催化作用下，将进一步失水缩合或双键打开发生加聚反应，导致形成三维的交联结构而硬化。脲醛呋喃树脂具有强度高、韧性好、毒性小、价格便宜、应用范围广等特点，是应用量最大的一类铸造树脂，其型砂黏结物理模型可以用图3-24来表示。通过对树脂砂的黏结实体进行微观观察，采用工业用计算机断层成像技术（工业CT）进行数字化切片处理和3D重构，构建数字化3D模型，然后对黏结砂型进行切片后的电子显微镜观察，发现构建的3D黏结模型和实际黏结状态基本一致，砂粒间的树脂黏结桥对于砂型和砂芯的黏结强度起着非常重要的作用。

(a) 混好的树脂砂　　(b) 黏结结构　　(c) 3D重构模型　　(d) 黏结模型

树脂+原砂　　树脂+原砂　　3D模型

原砂　　原砂　　黏结桥　　实际微观状态

图 3-24　自硬树脂砂黏结模型

3.1.4.5　树脂砂型芯的优缺点

树脂砂型芯的主要优点：

① 生产效率高。

② 型芯强度高，适合于制造结构复杂的砂型或砂芯，能满足自动化、机械化输送的要求。

③ 由于是在硬化后起模或起芯，故型芯能保持较高的尺寸精度。

④ 减少了对熟练的造型与制芯工人的依赖。

⑤ 铸件缺陷减少，表面粗糙度下降，尺寸精度提高，铸件质量得到了改善。

其主要缺点：

① 对原砂质量要求高。

② 树脂黏结剂价格较贵。

③ 对环境有一定污染。

3.1.5 消失模铸造技术

3.1.5.1 消失模铸造概念

消失模铸造（lost foam casting，LFC），又称气化模铸造，或称实型铸造（full mold casting，简称FMC）[21]。它采用泡沫塑料模样代替普通模样紧实造型，造好铸型后不取出模样，直接浇入金属液，在高温金属液的作用下，泡沫塑料模样受热气化、燃烧而消失，金属液取代原来泡沫塑料模样占据的空间位置，冷却凝固后即获得所需的铸件，被誉为绿色铸造方法，原理见图3-25。

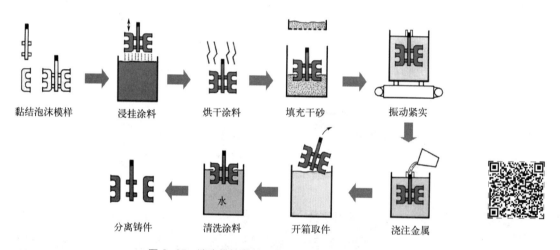

图 3-25　消失模铸造的工艺过程

消失模铸造的特色之一是采用泡沫模样取代传统铸造的木模。其材质为高分子塑料，常用的有聚苯乙烯塑料、聚甲基丙烯酸甲酯塑料两大类。聚苯乙烯合成反应方程式见图3-26，聚苯乙烯材料各阶段形态见图3-27。

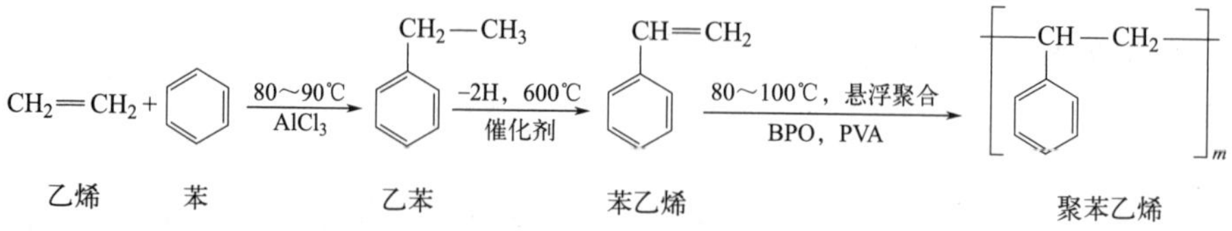

图 3-26　聚苯乙烯（EPS）合成反应方程式

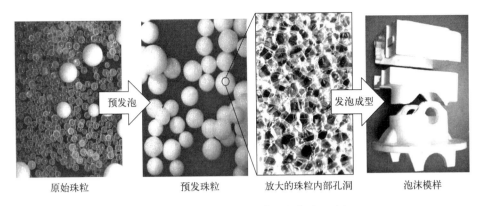

| 原始珠粒 | 预发珠粒 | 放大的珠粒内部孔洞 | 泡沫模样 |

图 3-27 聚苯乙烯（EPS）模样各阶段形态

3.1.5.2 消失模模样制作方法

泡沫模样的获得有两种方法：模具发泡成型、泡沫板材的加工成型。泡沫模具发泡成型过程见图 3-28。在一个射入预发泡珠粒的发泡模具中通入蒸汽，预发泡珠粒在热的作用下进一步发泡膨胀，使之在铝合金模具中紧实致密，见图 3-28（a）。然后对模具快速喷冷却水，使之冷却，防止过高热量损坏泡沫模样，见图 3-28（b）。冷却后打开模具，取出模样，见图 3-28（c）。

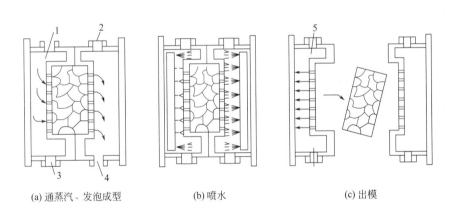

| (a) 通蒸汽、发泡成型 | (b) 喷水 | (c) 出模 |

图 3-28 发泡成型的工艺过程

1—蒸汽入口；2,3—阀门；4—蒸汽出口；5—压缩空气入口

泡沫板材的加工成型过程见图 3-29。图 3-29（a）通过控制电热丝 3 对泡沫板材 1 的切割，最后得到模型 5，这种方法比较简单方便，适合形状比较简单的单件模样成型。利用数控机床加工泡沫板材，可以得到复杂形状的模样，尤其是曲面形状的模样。

消失模铸造一个很显著的优点就是泡沫模样［图 3-30（a）］可以很方便地分片设计，如图 3-30（b）所示。这使得每一片泡沫模样能够很方便地采用对开模的方式发泡成型，如图 3-30（c）所示，再通过高分子胶水黏合在一起，得到与铸件形状一样的泡沫整体模样，见图 3-30（d）。图 3-31 所示的是汽车四缸缸盖的消失模模样分片组合实际照片。清晰的黏合线显示泡沫模样分片的实际状态，这也是消失模铸造的最大优势之一。

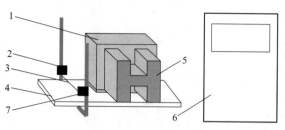

1—泡沫板材；2—A面丝架；3—电热丝；4—工作台；
5—最终模型；6—电气柜及稳压电源；7—B面丝架

(a) 电热丝加工的泡沫模样

(b) 数控机床加工的泡沫模样

图 3-29　泡沫板材的模样加工

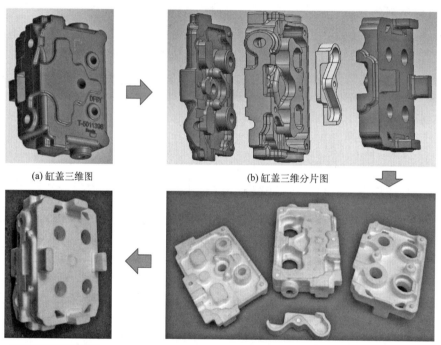

(a) 缸盖三维图　　　　　　　　　(b) 缸盖三维分片图

(d) 缸盖模样组装照片　　　　　　(c) 缸盖模样分片制造照片

图 3-30　空压机缸盖泡沫模样分片制造组装图

图 3-31　四缸缸盖（由五片泡沫模样黏结而成）模样分片组合实际照片

消失模模样需要浸涂涂料才能造型浇注，涂料的主要作用是隔离高温金属液和原砂，避免产生铸件黏砂。由于泡沫模样是聚苯乙烯塑料，不能耐高温，所以涂料烘干室或烘干房的温度一般在 40～60℃，并且保持空气流动，每一层烘干时间较长，需 4 小时左右。因此消失模铸造的涂料烘干房一般都很大，目的是保持一定生产批量所需的模样数量。具体如图 3-32 所示。

(a) 浸涂涂料　　　　　　　(b) 涂层烘干　　　　　　　(c) 烘干房

图 3-32　消失模浸涂涂料及涂层烘干设施

3.1.5.3　消失模铸造造型和浇注

消失模铸造采用干砂造型，无须黏结剂，填充流动性好，一般采用雨淋式填砂 [图 3-33(a)]，边填砂边振动。图 3-33(c) 所示的是"抱摇"式三维振动台，振动效果好、无噪声。采用数字化调整振动电机相位角的方式，可以很方便地改变激振力大小，提高生产率。

(a) 雨淋式填砂　　　　　　(b) 干砂砂箱　　　　　(c) "抱摇"式三维振动台

图 3-33　消失模填砂及振动紧实

填砂紧实完成后，就可以进行金属液浇注。图 3-34(a) 是消失模铸造金属液浇注充填示意图，高温金属液注入砂箱，泡沫模样被烧失，金属液填充模样烧失后的空间，随后冷却凝固，得到所需的金属铸件。图 3-34(b) 是浇注实况，图 3-34(c) 是浇注冷却后带有浇注系统的金属零件。

消失模铸造技术的特有优势，使一些复杂零件的生产性价比得到了极大提高。消失模铸造铸件如图 3-35 所示。

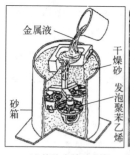

(a) 浇注充填示意图　　　　　(b) 浇注实况　　　　　(c) 带有浇注系统的金属零件

图 3-34　消失模铸件浇注

(a) 铝合金发动机缸盖　　　(b) 铝合金发动机缸体　　　(c) 铝合金水冷电机壳

(d) 铸钢阀体　　　　　(e) 铸铁泵壳　　　　　(f) 球铁零件

图 3-35　消失模铸造典型零件

3.1.5.4　消失模铸造的主要特点

① 近无余量、精确成型、复杂壁厚均匀。

② 无黏结剂，容易实现清洁生产。

③ 无须砂芯，为铸件结构设计提供了充分的自由度。

④ 热解的消失模产物（气体和液体）与金属液的流动前沿接触，它会与金属液发生反应并影响到金属液的充填，如果金属充型过程中热解产物不能顺利排除，就容易引起铸件气孔、皱皮、增碳等缺陷。

⑤ 泡沫塑料模样易变形，强度不高。

3.1.6　熔模精密铸造技术

3.1.6.1　熔模精密铸造概述

熔模精密铸造又称现代失蜡法，古代精密铸造状况前文已有描写，不再赘述。工业上使用失蜡法出现在二十世纪的早期,美国大学生奥斯特纳尔(Austenal),从我国云南保山的传统失蜡铸造工艺中得到启发,发明了现代熔模铸造航空叶片技术,这就是著名的第一代 Austenal 法。二十世纪七十年代初期,美国、英国、日本等发达国家的近终形熔模精密铸造技术已用于生产,七十年代中期,定向柱晶叶片技术用于生产,这就是 Austenal 第二代技术。八十年代,单晶叶片技术用于生产,这是 Austenal 第三代技术[22]。熔模精密铸造飞机发动机叶片见图 3-36。

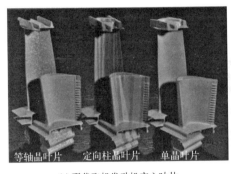

(a) 现代飞机发动机空心叶片　　　　　　(b) 现代熔模铸造叶片蜡模现场

图 3-36　熔模精密铸造 (现代失蜡法)制造飞机发动机叶片

　　熔模铸造几乎应用于所有工业部门,特别是航空、兵器、电子、石油、化工、能源、交通运输、轻工、纺织、制药、医疗器械、泵和阀等部门。

　　现代失蜡法与古代失蜡法有较大区别:选用适宜的熔模材料(如石蜡)制造熔模;在熔模上重复涂耐火涂料与撒耐火砂工序,硬化型壳及干燥;再将内部的熔模熔化掉,获得型腔;焙烧型壳以获得足够的强度及烧掉残余的熔模材料,浇注所需要的金属材料;凝固冷却,脱壳后清砂,从而获得高精度的成品,技术原理见图 3-37。

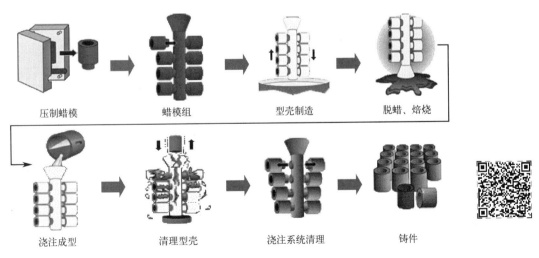

压制蜡模　　　　蜡模组　　　　型壳制造　　　　脱蜡、焙烧

浇注成型　　　　清理型壳　　　　浇注系统清理　　　　铸件

图 3-37　熔模铸造原理及步骤

根据产品需要进行热处理或冷加工和表面处理，熔模铸造的产品精密、复杂、接近零件最终形状，可不加工或少量加工就直接使用，故熔模铸造是一种近净成型的先进工艺。

3.1.6.2 熔模铸造的工艺要素

熔模铸造工序繁多，制作周期很长。从工艺上来说，主要的要素应该是：蜡模、制造型壳、浇注金属和后处理。具体步骤见表3-8。

表3-8 熔模铸造的工艺要素和步骤

工序名称	工序步骤	相关图片或目的	工序内容
蜡模	制造蜡模		采用压蜡机进行压蜡，陶瓷芯被包裹在蜡模叶片中。压蜡模具可以是铝合金，也可以是钢材
	组装蜡模		组装加工好的铸造模型
制造型壳	涂挂涂料和撒砂		浸涂陶瓷涂料和撒砂，干燥。反复进行，直至型壳厚度达到要求

工序名称	工序步骤	相关图片或目的	工序内容
制造型壳	脱蜡型壳		采用蒸汽进行脱蜡,形成陶瓷型壳
	型壳焙烧		将陶瓷型壳放入焙烧炉中焙烧
浇注金属	重力浇注		型壳出炉,进行浇注
	真空吸注		
	离心浇注		
	调压浇注		
	低压浇注		
后处理	振动脱壳	磨除铸件上的浇冒口余根	砂轮机磨削
	电液压清砂		砂带磨床磨削
	高压水力清砂	清除铸件表面/内腔的黏砂和氧化皮 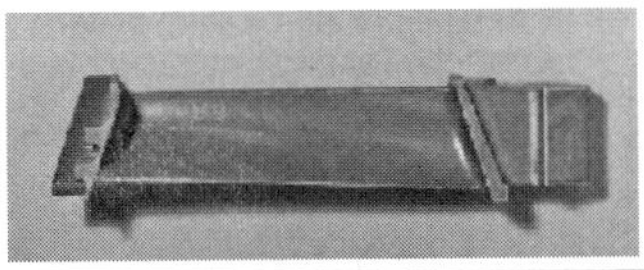	抛丸清理
	砂轮切割		喷砂清理
	压力切割或手工敲击		化学清砂
	气割		电化学清砂
	锯床切割	清除铸件表面毛刺铸瘤	风动磨头磨光
	碳弧气刨切割		风动异形旋转锉切削
	阳极切割		
	等离子切割		

3.1.6.3 熔模铸造工艺特点

① 熔模铸件的尺寸精度高,表面粗糙度小。熔模铸造采用了尺寸精确、表面光滑的

可溶性蜡模，获得了几乎无分型面的整体型壳，且无一般铸造方法中的起模、下芯、合型等工序带来的尺寸误差。熔模铸件的棱角清晰、尺寸精度可达到DCTG4～DCTG8，表面粗糙度Ra可达1.6～$6.3\mu m$。因此采用熔模铸件可大量减少金属切削加工工作量或实现近无余量铸造。

② 适合铸造某些结构和形状复杂的铸件。熔模铸造可以铸出结构和形状复杂，且难以用其他方法加工的铸件，如叶轮、空心叶片等，也能铸造壁厚仅为$0.5mm$、铸出孔最小直径达$0.5mm$、重量轻至几克的薄壁铸件及微小铸件，还可以将原来由许多零件组合、焊接的部件进行整铸。

③ 合金材料不受限制。各种合金材料，如碳钢、不锈钢、合金钢、铸铁、铜合金、铝合金、高温合金等，均可以用熔模铸造方法进行铸造，特别是难以切削加工或锻压加工的合金材料，则更适合用熔模铸造工艺。

④ 大批量生产或小批量生产均可适用。熔模铸造工艺由于普遍采用金属压型来制造熔模，故适用于大批量生产；但若应用价格低廉的石膏压型或易熔合金制膜，则也可用于小批量生产或单件生产。

3.1.6.4 熔模铸造典型零件

与其他铸造方法和零件成型方法相比，熔模铸造工艺可生产形状复杂、尺寸精确、棱角清晰、表面光滑的不同材质铸件。典型的产品主要有定向凝固和单晶铸件、整流器、汽轮机叶片、静叶片、热交换器、医疗器件、军工配件、五金工具等，具体见图3-38。

(a) 航空发动机零件

(b) 军工配件

(c) 人工关节及医疗器件

(d) 汽车零件

图3-38 熔模铸造典型铸件

3.1.7 高压铸造技术

3.1.7.1 高压铸造概述

高压铸造（high pressure die casting，简称压铸，又称压力铸造）的实质是在高压作用下，使液态或半液态金属以较高的速度充填压铸型（压铸模具）型腔，并在压力下成型和凝固而获得铸件的方法。压铸的起源众说不一，压铸最早用来铸造印刷用的铅字，当时需要生产大量清晰光洁以及可互换的铸造铅字，压铸法随之产生。早在 1822 年，威廉姆·乔奇（Willam Church）博士曾制造一台日产 1.2 万～2 万铅字的铸造机，已显示出这种工艺方法的生产潜力。1849 年斯图吉斯（J. J. Sturgiss）设计并制造了第一台手动活塞式热室压铸机，并在美国获得了专利权。1885 年默根瑟勒（Mersen-thaler）研究了以前的专利[23]，发明了手动铅字压铸机（图 3-39）。最初压铸的合金是低熔点的铅和锡合金。随着对压铸件需求量的增加，要求采用压铸法生产熔点和强度都较高的合金零件，因此相应的压铸技术、压铸模具和压铸设备不断地改进发展，现代压铸机见图 3-40。

第一代手动热室压铸机

图 3-39　1885 年默根瑟勒发明的手动铅字压铸机

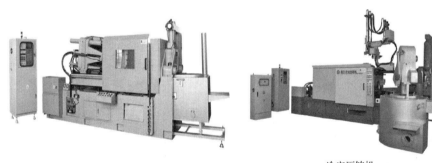

热室压铸机　　　　　　　　　冷室压铸机

图 3-40　现代压铸机

（1）冷室压铸机结构

压射机构由压射油缸、增压油缸、增压器压杆、压射杆、冲头组成，主要完成金属液的充填功能。成型部分由压铸模具（动模、定模、顶杆等）机架等组成，主要完成金属液成型凝固，并顶出铸件。冷室压铸机结构如图3-41所示。

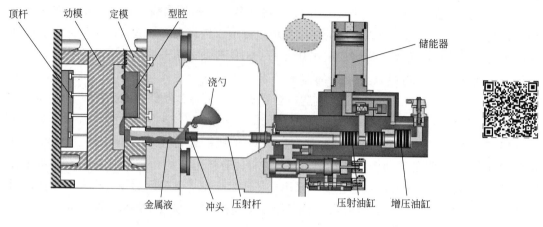

图3-41 冷室压铸机结构

冷室压铸过程具体见图3-42。

① 将金属液注入加压室；

② 冲头将金属液快速向模具内压射，金属液充填完成后保压一定时间冷却凝固；

③ 打开动模，并将产品顶出。

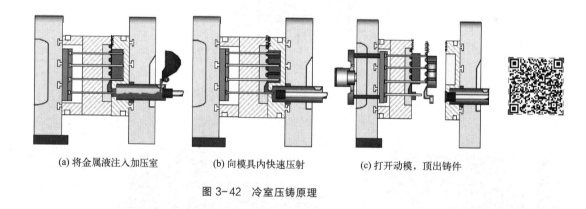

(a) 将金属液注入加压室　　　(b) 向模具内快速压射　　　(c) 打开动模，顶出铸件

图3-42 冷室压铸原理

（2）热室压铸机结构

和冷室压铸机类似，热室压射机构也由压射油缸、增压油缸、增压器、压铸模具（动模、定模、顶杆等）机架等组成，不同的是压射缸置于熔化炉内，可以直接将熔炼好的金属液通过鹅颈式压射管压入型腔，其优点是金属液很干净、效率高、速度快、金属液利用率高，不利之处是压射活塞长期浸泡在高温液体中，容易被腐蚀，寿命短。热室压铸机一般用于铸造质量要求较高的小型精密压铸件。热室压铸机结构如图3-43所示。

热室压铸过程原理见图3-44：

① 金属液流入加压室；

② 冲头将金属液快速向模具内压射，金属液充填完成后保压一定时间冷却凝固；
③ 打开动模，并将产品顶出。

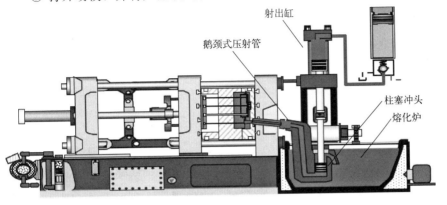

图 3-43　热室压铸机结构

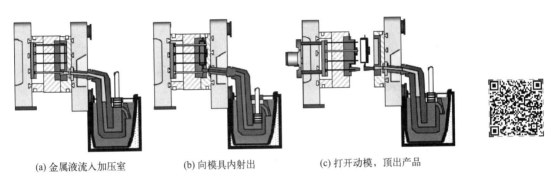

(a) 金属液流入加压室　　　　(b) 向模具内射出　　　　(c) 打开动模，顶出产品

图 3-44　热室压铸机工作过程

（3）压铸技术的典型应用

压铸生产是所有铸造工艺中生产速度最快的一种，也是最富有竞争力的工艺之一。这使其成为航空航天、交通运输、仪器仪表、通信等领域内有色金属铸件的主要生产工艺。表 3-9 列的是目前我国压铸生产应用的典型领域中主要的有色合金复杂零件。

表 3-9　压铸的典型零件

领域	零件
汽车	

领域	零件
摩托车	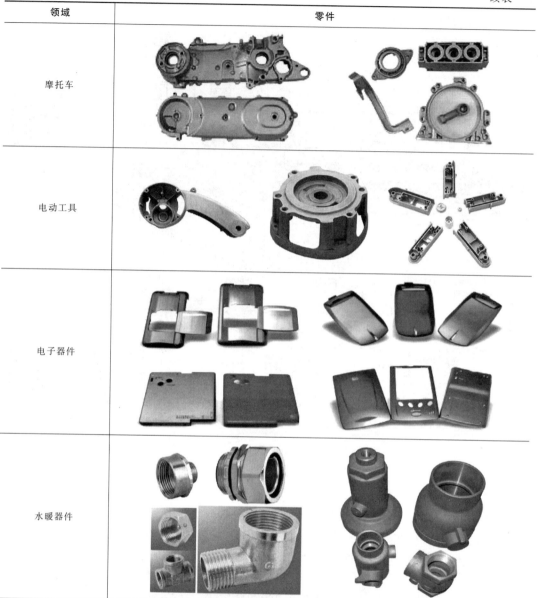
电动工具	
电子器件	
水暖器件	

3.1.7.2 压铸工艺要素

压铸是将压铸机、压铸模具和合金三大要素有机地组合而加以综合运用的过程，是将压力、速度、温度以及时间等工艺因素统一的过程。同时，这些工艺因素又相互影响、相互制约、相辅相成。只有正确选择和调整这些因素，使之协调一致，才能获得预期的结果。因此，在压铸过程中不仅要重视铸件结构的工艺性、压铸模的先进性、压铸机性能和结构优良性、压铸合金选用的适应性和熔炼工艺的规范性，更应重视压力、温度和时间等工艺参数对铸件质量的重要影响作用，在压铸过程中应重视对这些参数的控制，具体说明见表 3-10。

表 3-10　压铸工艺三要素

要素	合金	压铸机	压铸模具
要求	常用的压铸合金为铝合金、锌合金、镁合金和铜合金,最早用于压铸的铅、锡合金现在仅用于个别场合。用于压铸的合金应具有以下性能: ①具有良好的流动性,有利于成型结构复杂、表面质量好的压铸件; ②结晶温度范围小,以防止压铸件产生缩孔和缩松缺陷; ③线收缩率小,可降低铸件产生热裂倾向并易于获得尺寸精度较高的铸件; ④高温时有足够的热强度和可塑性,高温脆性和热裂倾向小,防止推出铸件时产生变形和开裂; ⑤在常温下有较高的强度,以适应大型薄壁复杂压铸件的使用要求; ⑥具有良好的加工性能和一定的抗蚀性能; ⑦成型过程中与模具产生物理-化学反应的倾向小,防止黏模及相互合金化以延长模具寿命	压铸机是压铸生产的基本设备,压铸过程中的各种特性都是通过压铸机实现的。根据压铸工艺的需要,它提供了选择压铸参数的有利条件。设计压铸模与选用压铸机有密切联系,因此必须熟悉压铸机的特性、技术规格,通过设计计算,选用合适的压铸机,才能保证压铸生产的正常进行并获得优质的压铸件。选用压铸机时应考虑以下两个方面: 首先,应考虑压铸件的不同品种和批量; 其次,应考虑压铸件的不同结构和工艺参数	压铸模具由定模和动模两大部分组成。定模固定在压铸机的定模安装板上,浇注系统与压室相通。动模固定在压铸机的动模安装板上,随动模安装板移动而与定模合模、开模。合模时,动模与定模闭合形成型腔,金属液通过浇注系统在高压作用下高速充填型腔;开模时,动模与定模分开,推出机构将铸件从型腔中推出。 其重要作用是: ①决定着铸件形状和尺寸公差级; ②浇注系统决定了熔融金属的充填状况、控制和调节压铸过程热平衡; ③模具的强度限制了压射比的最大限度; ④影响着压铸生产的生产效率。 对压铸模具的要求如下: ①应具有良好的抗氧化性; ②应具有良好的回火稳定性; ③应具有良好的热疲劳性能; ④应具有高的耐熔融损伤性; ⑤淬透性好、热处理变形小; ⑥应具有较好的被削性与磨削性
结构图	压铸机结构		压铸模具

3.1.7.3　压铸特点

① 铸件尺寸精度高,表面粗糙度小,强度和硬度较高,尺寸稳定,互换性好。

② 机器生产率高,压铸型寿命长,一副压铸型,压铸铝合金,寿命可达几十万次,甚至上百万次;易实现机械化和自动化。

③ 经济效益优良,压铸件加工量很小,所以既提高了金属利用率,又减少了大量的加工设备和工时。

④ 铸件价格便宜。可以与其他金属或非金属材料组合压铸,既节省装配工时又节省金属。

⑤ 压铸件一般不能进行热处理,主要原因是压射速度过高使模具内的气体容易被金属液包裹住形成铸件内的气孔,进行热处理时表面容易鼓包。

3.1.7.4 压铸的发展

压铸属于高效率金属成型工艺，压铸使用的金属材料主要为铝合金、镁合金、锌合金和铜合金。基于铝合金质轻、比强度高、传热及导电性能好的特性，铝合金压铸件在汽车行业、拖拉机、电气仪表、电信器材、航空航天、医疗器械及轻工日用五金行业的应用很广。压铸工艺生产的主要零件有发动机气缸体、发动机气缸盖、变速箱体、发动机机罩、仪表及照相机的壳体及支架等。

针对压铸件不能进行热处理的缺点，对压铸工艺进行了改进，设计了新的压铸方法，譬如，真空压铸、充氧压铸。随着新能源汽车的发展，一体化压铸也方兴未艾。表 3-11 是目前应用得比较好的新压铸方法，解决了压铸件不能热处理的问题，提高了压铸件质量。

表 3-11　典型的新压铸方法

方法	结构图示	原理	特点
真空压铸	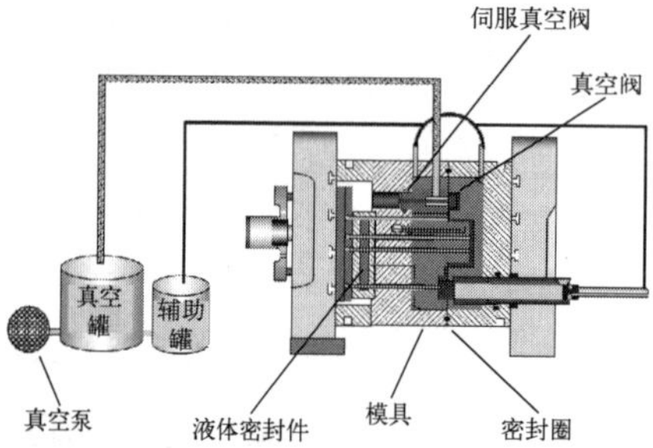	真空压铸是在压铸机中安装了抽真空装置，使得浇注时型腔中气体很少，减少了压铸时型腔的反压力，极大减少气孔缺陷	高真空法可以用10kPa 以下的真空进行压铸，从而使得铸件可以 T6 热处理，也可以焊接
充氧压铸	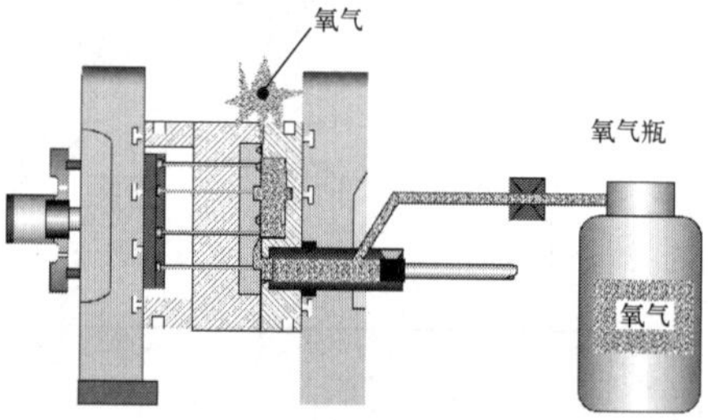	干燥的氧气充入压室和压铸模型腔，以取代其中的空气，与高温铝合金发生反应，生成三氧化二铝，三氧化二铝小颗粒（直径在 $1\mu m$ 以下）均匀分布在铸件中，从而减少或消除气孔，提高了压铸件的致密性	小颗粒约占压铸件总质量的 0.1%～0.2%，不影响机械加工。充氧压铸仅适用于铝合金
局部加压压铸法	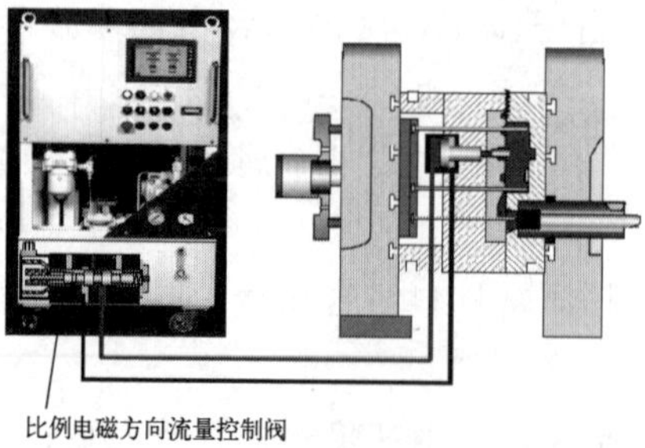	局部加压压铸法是模腔内部液体填充结束后，凝固的过程中，对模腔内壁厚比较厚的部位直接加压的方法。通过直接加压，可以对凝固收缩较大的部分进行补缩，可以得到高品质的压铸产品	局部加压压力是铸造压力的 3 倍以上，铸件致密度得到提高

方法	结构图示	原理	特点
半固态压铸法	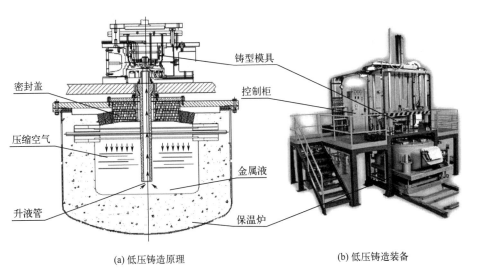 连续式液延压铸法 合金的连续供给 坩埚 诱导加热 溶液 转子 冷却 半固态材料 半固态材料的供给	从液体到固液共存状态时进行压铸称为半固态压铸法。缩孔的发生率降低，延长模具寿命，结晶粒子大小均一是其特征，能得到质量稳定的压铸产品	铸件致密度高，韧性好

3.1.8 低压铸造技术

3.1.8.1 低压铸造技术概述

法国于 1917 年发明了用于铝合金的低压铸造技术。低压铸造技术的商业应用始于 1945 年，路易斯先生在英国创立了阿鲁马斯库公司，开始生产雨水管道、啤酒容器等。1950 年后奥地利和德国也开始用低压铸造技术生产气缸头。1958 年美国的泽讷拉路默它斯在小型汽车的发动机零件上（气缸头、箱体、齿轮箱）大量运用了铝合金铸件，并采用了低压铸造法。低压铸造技术于 1957 年左右进入我国，但真正引起业界的注意，开始进行各种研究、引进设备是在 1960 年左右。目前，我国低压铸造技术已经是轻合金铸造的重要成型工艺[24]。

低压铸造原理见图 3-45(a)，低压铸造是金属液体在（气）压力作用下由下而上地充填铸型模具型腔，并在压力下凝固成型的一种方法，由于所用的压力较低（通常 0.02～

密封盖
铸型模具
控制柜
压缩空气
金属液
升液管
保温炉

(a) 低压铸造原理　　　(b) 低压铸造装备

图 3-45　低压铸造原理和装备

0.06MPa），故称为低压铸造。低压铸造的特点是装备结构简单、制造容易、操作方便；但生产效率较低，因保温炉上只能放置一副模具，操作均在炉上进行，故一个工作周期内，保温炉有较长的时间空闲着。

低压铸造装备见图 3-45(b)，低压铸造装备一般由保温炉、控制柜、铸型模具、密封盖和升液管等组成。

金属铸型多用于大批、大量生产的有色金属铸件。非金属铸型多用于单件小批量生产，如砂型、石墨型、石膏型、陶瓷型和熔模型壳等都可用低压铸造，而生产中采用较多的还是砂型。但低压铸造用砂型的造型材料的透气性和强度应比重力浇注时要高，型腔中的气体，全靠排气道和砂粒孔隙排出。

低压铸造主要用来铸造一些质量要求高的铝合金、镁合金或铜合金铸件，如汽车轮毂、高压电气零件、高铁零件、汽车缸体、五金水管等薄壁件，具体见图 3-46。

(a) 汽车轮毂

(b) 高压电气零件

(c) 高铁零件(铝合金枕梁)

(d) 汽车铝合金缸体

图 3-46　低压铸造典型零件

3.1.8.2　低压铸造工艺特点

低压铸造一般也称为反重力铸造技术，其液态金属的充填流动与传统重力铸造是完全相反的，是一种自下而上的流动，能够实现铸件无余量铸造，同时也是汽车铸件精密化、薄壁化、轻量化和节能化的重要技术方法。低压铸造的主要工艺特点如下。

（1）金属液在坩埚内由下而上充填铸型

充填铸型的浇口与冒口可以合二为一。升液管横截面积都比较大，金属流量大，但流速不高。一般升液管内金属液上升速度在 $0.05\sim0.2\text{m/s}$，流动非常平稳，且金属液前沿的氧化膜不断破裂被压向升液管管壁，铸件内极少气孔和夹渣。由于低压铸造铸件内没有气体，铸件可以采用热处理大幅度提高铸件材质的力学性能，这一基本特点在未来的低压铸造设备中将得到充分保证和发展。

（2）平稳充型压力下凝固

低压铸造过程中，根据铸件壁厚、合金牌号和铸型情况，在液面加压参数中一般都要建立升液—充型—结壳（仅砂型）—增压—保压—卸压几个阶段参数，以保证充型平稳、排气和在尽可能大的压力下凝固结晶，见图 3-47。

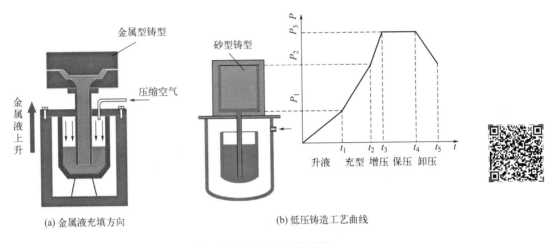

(a) 金属液充填方向   (b) 低压铸造工艺曲线

图 3-47　低压铸造及其填充工艺曲线

（3）补缩压力大

铝合金铸件因壁厚增加而力学性能大幅度下降，是一般重力铸造中常出现的问题。低压铸造由于补缩压力大，而且低压铸造正向差压铸造发展，铸型也处于正压力场中，因此低压铸造厚壁铝合金铸件力学性能良好。在低压铸造工艺中，充填完成后有一个增压和保压过程，使得金属液在凝固过程中得到补缩，铸件致密。

3.1.8.3　低压铸造优缺点

① 充型速度慢，充填平稳，有利于排气、卷气，夹渣少。

② 金属液在压力下充填，流动性好，充填能力强，有利于获得轮廓清晰的铸件。

③ 铸件在压力下凝固，补缩效果好，致密度高，力学性能好，可用于生产耐压、防渗漏的铸件。

④ 工艺出品率一般可达 90%。

⑤ 生产效率较低。

3.1.8.4　低压铸造的典型应用

低压铸造的最大应用是生产乘用汽车的铝合金轮毂，据统计，90%以上的乘用汽车铝合金轮毂是低压铸造生产的。铝合金轮毂的优点远多于钢轮毂，随着汽车业的发展，钢制轮毂会逐渐被铝合金轮毂所取代。铝合金轮毂的优势如下。

① 质轻、省油。平均每个铝轮毂比相同尺寸的钢轮毂轻 2kg。根据日本实验室提供的数据可知 5 座的轿车重量每减轻 1kg，平均一年约节省 20L 汽油。美国汽车工程师学会的研究报告指出，铝合金轮毂虽然比一般钢轮毂贵，但每辆汽车跑到 2 万公里时，其所节省的燃料费足以抵回轮毂节省的成本。

② 使用寿命长。铝合金的热导率为钢的 3 倍，长途高速行驶时，也能使轮胎保持在适当的温度，使刹车毂及轮胎不易老化，增加使用寿命，降低爆胎的概率。

③ 真圆度高。尺寸精度高达 0.05mm，运转时平衡性能佳，适合于高速行驶。

④ 坚固耐用。铝合金轮毂的比强度及热力学性能等重要指标较钢轮毂要高，这也是铝合金在国防工业、航空工业中扮演重要角色的原因之一。

用铸造方法可以生产出任意空间曲面和形状的铝合金轮毂，见图 3-48，以吻合不同车型，适应不同用户的需要。

(a) 铝合金不同规格轮毂成品　　　　　　　(b) 铝合金轮毂

图 3-48　低压铸造铝合金轮毂

一个现代化的低压铸造轮毂生产车间见图 3-49。低压铸造单元基本上采用机器人进行取件和初始去除浇口和打毛刺的工作；机加工单元基本上采用数控加工，条件好的企业已经采用智能化加工管理，使产品质量得以保障。采用低压铸造工艺制造的铝合金轮毂，由于轮辐是最后冷却凝固的，所以部分特殊造型轮毂的轮辐易出现缩松等质量问题，而轮辋部分由于最早结晶则强度较好。

(a) 铝合金轮毂生产单元　　　　　　　(b) 铝合金轮毂机加工单元

图 3-49　低压铸造铝合金轮毂车间现场

低压铸造铝合金轮毂主要工序如图 3-50 所示。主要工部包括铝合金熔炼、低压铸造、毛坯 X 射线检测、热处理、机加工、气密性检查、去毛刺、喷漆、检验包装等，每一个工部包含若干工序，所以整个铝合金轮毂的低压铸造工序很多。低压铸造工艺目前已经相当成熟，适合自动化生产管理，是当前中国铝合金轮毂制造业的主流工艺。原厂委托制造（OEM，是英文 original equipment manufacture 的缩写，也称为定牌生产）和海外零售市场的铝合金轮毂大多数采用低压铸造工艺生产。

(a) 铝合金熔炼	(b) 低压铸造	(c) 毛坯X射线检测
(d) 热处理	(e) 机加工	(f) 气密性检查
(g) 去毛刺	(h) 喷漆	(i) 检验包装

图 3-50　铝合金轮毂低压铸造生产流程

低压铸造用于火车钢轮的铸造，如图 3-51 所示，获得了很好的效果。本技术最大的创新是铸造模具采用石墨型覆砂工艺，提高了合金钢液的冷却速度，使火车轮的耐磨性得到保障，同时生产效率得到很大提高。

3.1.9　数字化技术在铸造中的应用

3.1.9.1　铸造过程计算机模拟技术

计算机辅助设计（computer-aided design，CAD）和计算机辅助工程（computer-aided engineering，CAE）是数字化智能化的核心技术。铸造工艺 CAD/CAE 技术使工程技术人员能够借助计算机对铸件的产品结构以及铸造工艺等进行设计、分析和优化，将计算机的高速度、高精度、高可靠性以及数据的可视化与铸造工艺设计相结合，可以极大地

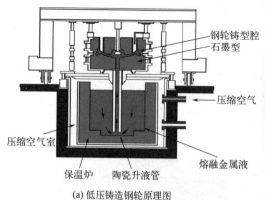

(a) 低压铸造钢轮原理图　　　　　　　　　(b) 冷却过程中的铸造钢轮

(c) 成型钢轮　　　　　　　　　　　(d) 钢轮剖面结构

图 3-51　低压铸造火车钢轮

提高生产设计自动化水平,保证铸件质量,降低生产费用,并使铸件的设计和生产周期大大缩短,提高了企业的经济效益。铸造工艺 CAD/CAE 技术是改造传统铸造生产方式的关键技术之一,在铸造领域得到了广泛的应用,并已成为铸造学科的前沿技术和最为活跃的研究领域[25]。

铸造工艺 CAE 是对铸造充型凝固过程进行计算机数值模拟,是通过建立能够准确描述铸造充型过程的数学模型,采用合适可行的求解方法,在计算机上模拟仿真出铸造充填和凝固的特定过程,分析有关影响因素,预测这一特定过程的可能趋势与结果。

目前应用较为广泛的国外软件主要有 MAGMASOFT、ProCAST、Flow-3D、AnyCAST 等,国内常见的有 FT-Star、华铸 CAE(图 3-52)、CastCAE、芸峰 CAE 等。欧洲、美国、日本等地区的铸造企业普遍应用了铸造模拟技术,特别是汽车铸件生产商几乎全部装备了仿真系统,数值模拟成为确定工艺的固定环节和必备工具。国内已有众多的企业将数值模拟技术应用于实际生产。

(1) 铸造工艺 CAD

作为现代先进设计与制造技术的基础,CAD 技术使产品设计的传统模式发生了深刻变革,不仅改变了工程界的设计思想及思维方式,还影响到企业的管理和商业对策,是现代企业必不可少的设计手段。铸造工艺 CAD 是指利用计算机的高效和快捷特性来辅助工程师对铸件进行工艺方案的设计。其主要包括铸件的设计，铸件的浇注系统、冒口、冷铁、砂芯、分型面、分模线、工艺补正量以及各种工艺参数的设计，估算铸造成本，绘制铸造工艺图、工艺卡等。最早采用二维 CAD 系统进行铸造工艺设计，软件界面见图 3-53（a），后来发展了三维铸造工艺 CAD 系统，见图 3-53（b）。但是，因为各个铸造生产厂家的实际情况不同，铸造工艺 CAD 的通用性受到很大的限制，增加了铸造工艺 CAD 的开发难度，影响了其实际应用效果，加上企业对二次开发应用的要求和紧迫性还没有达到迫切需要的程度，因此，铸造工艺 CAD 的应用和发展状况远远落后于铸造工艺 CAE 的发展和应用。

华铸CAE：铸造模拟仿真与工艺优化系统

华铸CAD-2D：铸造工艺设计系统（2D）

华铸CAD-3D：铸造工艺设计系统（3D）

华铸ERP：铸造生产管理系统

华铸FCS：铸造炉料配比系统

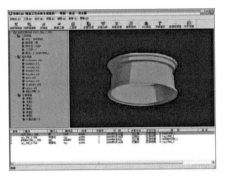

图 3-52　华铸 CAE 数值模拟软件

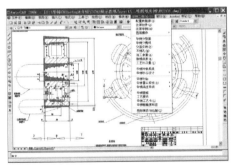
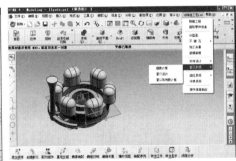

(a) 二维铸造工艺CAD　　　　　　(b) 三维铸造工艺CAD

图 3-53　铸造工艺 CAD

　　铸造工艺设计是铸造生产的基本组成部分和关键环节之一，长期以来，多是靠人的经验、习惯，在图纸上手工绘制（红蓝铅笔）。传统手工设计的缺点：

　　难以做到最佳工艺设计，也无法准确、动态地进行分析、预示和控制；

　　设计主要靠查表和手工计算，比较烦琐，设计效率低；

　　纸质文档，保存和查询比较困难。

　　铸造工艺 CAD 的作用如下：

　　① 铸造工艺 CAD 是将铸造工艺设计与计算机结合起来，方便、快捷、准确地代替人

工和个人经验来进行铸造工艺设计；

② 操作简单快捷，工艺准确合理，图纸科学规范，查找方便省事，修改简单易行；

③ 符合电子信息化要求，便于产品数据管理（PDM）、计算机辅助工艺设计（CAPP）管理；

④ 可入库（PDM）保存和打印（彩色）。

（2）铸造工艺 CAE

20 世纪 80 年代是数值模拟研究最为活跃的时期，代表性的研究工作包括：

① 铸型物性值；

② 铸件/铸型接触热阻；

③ 铸件在凝固收缩过程中的补缩现象；

④ 凝固过程中的流体流动现象；

⑤ 固态及准固态区的应力-应变预测；

⑥ 通用几何模型程序和凝固模拟程序的连接。

多年来的应用表明，铸造工艺是非常复杂的，并具有显著的与生产实际经验紧密结合的特点，铸造工艺 CAE 软件必须在通用工艺参数设计的基础上，结合企业的具体情况开发应用才能有较好的效果。

图 3-54（a）所示的铸件流体流动数值模拟是在给定条件下，计算金属液在浇注系统中以及在型腔内的流动情况，包括流量的分布、流速的变化以及由此导致的铸件温度场分布。分析金属液在浇冒口系统和铸造型腔中的流动状态，优化浇冒口设计并仿真浇道中的吸气，以消除流股分离和避免氧化，减轻金属液对铸型的侵蚀和冲击。

图 3-54（b）所示凝固模拟是最基本的功能，主要是利用传热学原理，分析铸件的传热过程，模拟铸件的冷却凝固进程，预测缩孔、缩松等缺陷。

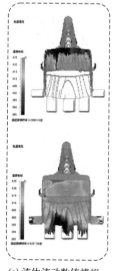
(a) 流体流动数值模拟

(b) 凝固模拟

(c) 应力场模拟

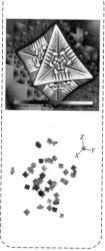
(d) 微观组织模拟

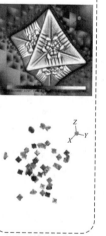

图 3-54 铸造工艺 CAE 主要功能

图 3-54(c) 所示的应力场模拟是对铸件热应力的数值模拟，主要对铸件凝固过程中热应力场进行计算，预测热裂纹倾向和残余应力分布。应力场分析可以预测铸件热裂纹及变形等缺陷。

图 3-54(d) 所示的铸件微观组织模拟可以计算铸件凝固过程中晶粒形核、生长以及凝固后铸件显微组织和力学性能，如强度、硬度等。铸件微观组织模拟经过了定性模拟、半定量模拟和定量模拟阶段，由定点形核到随机形核。这一研究存在的问题是很难建立一个相当完善的数学模型来精确计算形核数、枝晶生长速度和组织转变等。铸件微观组织模拟今后将向定向凝固及单晶方面发展，同时在计算精度、计算速度等方面有很多工作要做。

（3）铸造工艺 CAE 经典应用实例

中信重工 2008 年采用华铸 CAE 优化，一次浇注成功毛坯重 520 吨，浇注重量达 829.5 吨铸件——自由锻造设备 18500 吨油压机核心部件上横梁（图 3-55）[26]。

数值模拟　　　　　　　　　　浇注现场　　　　　　　　　　超大型铸件

图 3-55　中信重工浇注大型铸钢件

3.1.9.2　数字化无模铸造技术

数字化无模铸造技术是一种全新的复杂金属件快速制造方法，能够实现复杂金属件制造的柔性化、数字化、精密化、绿色化和智能化，是铸造技术的革命。该过程不需要模具，缩短了铸造流程，实现了传统铸造行业的数字化制造，特别适合于复杂零部件的快速制造。在节约铸造材料、缩短工艺流程、减少铸造废弃物、提升铸造质量、降低铸件能耗等方面具有显著特色和优势，改变了几千年来铸造需要模具的状况。无模铸型制造工艺与传统工艺耗时对比如图 3-56 所示，与传统有模铸件制造相比，数字化无模铸造加工费用仅为有模方法的 1/10 左右，开发时间缩短 50%～80%，制造成本降低 30%～50%。

（1）数字化无模铸造技术路径

数字化无模铸造技术的发展为铸造数字化技术开辟了一条新道路。数字化无模铸造技术是将 CAD 计算机三维设计、快速成型技术与树脂砂造型工艺有机结合开发出的一种数字化制造的综合技术，它利用快速成型技术的离散/堆积成型原理，进行了工艺和结构的创新，开发出拥有自主知识产权的一种先进的数控制造技术与装备。它无须模具，能够快速、柔性、准确地制造内外形均复杂的铸件，特别适合单件、小批量、形状复杂的大中型铸件的制造及新产品开发。

（2）数字化无模铸模技术装备

无模快速制造砂芯与砂型，目前主要有 3 种方法：激光选区烧结（简称 SLS）、三维砂型打印（three dimensional sand printing，3DSP）、直接无模加工砂型（direct mould milling，DMM）[27]。SLS是最早用于铸造砂型快速成型的技术，但是效率低、强度不高（需要进行二次强化处理），目前用得较少，其他两种工艺相对用得较多。采用数控加工树脂砂、打印砂型的工艺步骤如图3-57所示。3DSP、DMM铸造技术的自动化程度高，其设备一次性投资较大，其他生产条件如原砂、树脂等原材料的准备过程与传统的自硬树脂砂造型工艺相同。然而3DSP制造过程不需要模具，对于单件小批零件生产，可以节省模具费用，所以其综合经济效益较高。

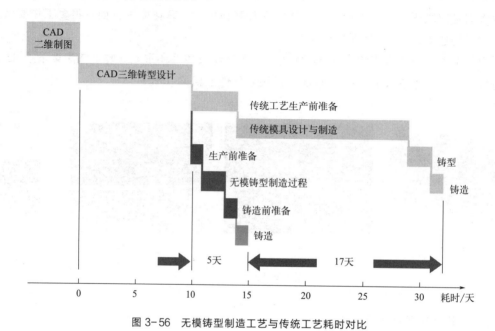

图3-56 无模铸型制造工艺与传统工艺耗时对比

DMM工艺，是在CAD模型驱动下，直接采用数控机床加工砂型，获得铸型。不需要传统的铸造模样，不仅制造速度快，而且精度高。由于在封闭环境中加工，成型过程中的废弃物如粉尘、废气、废渣等可以得到回收。该工艺尤其适合大型铸件，但不太适合形状过于复杂的铸件。图3-58为加工设备和加工出的铸型。

3DSP工艺是基于粉末床微喷打印的快速铸型制造技术，是通过黏结剂将粉末材料连接成成型物体的工艺。3DSP的工艺示意图见图3-59（a）。打印之前将固化剂与型砂混合均匀放入送粉缸，当一层打印完毕后，工作缸下降一定高度（层厚），送粉缸上升一定高度（层厚＋送粉系数），铺粉辊将型砂从送粉缸送到工作缸并铺平，铺粉完毕后进行打印，重复此过程直至打印结束。目前该工艺常用的原材料有铸造砂、陶瓷粉等。根据成型材料及成型工艺的不同，所喷涂的液体材料也不同。有的直接将黏结剂喷涂在粉末材料上，如在陶瓷粉末上喷涂硅溶胶；也有将黏结剂喷涂在预先混制固化剂的铸造砂粉末上完成固化，还有将树脂及固化剂分两次喷涂在铸造砂粉末上以完成固化。图3-59（b）为3DSP设备，设备的规格根据铸型的大小选择，图3-59（c）为3DSP打印的铸型。

（3）数字化无模铸造的典型应用

德国维捷（Voxeljet）是国际上较早成功开发3DSP技术的公司，与德国Koncast公

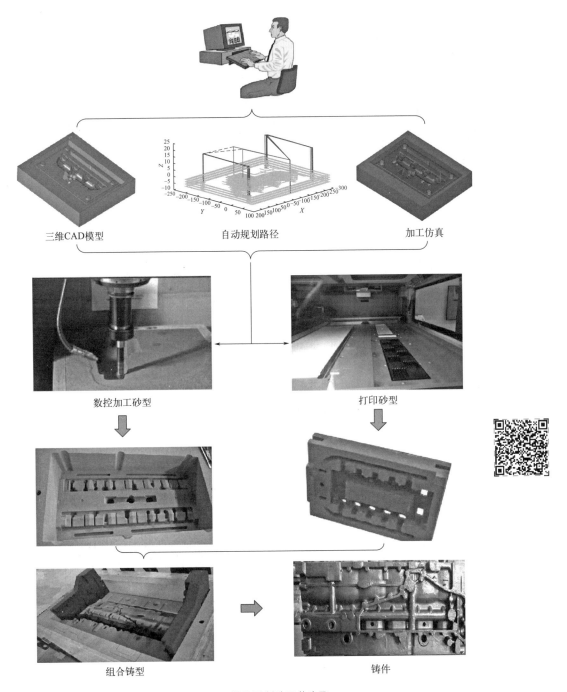

三维CAD模型　　　　自动规划路径　　　　加工仿真

数控加工砂型　　　　　　　　打印砂型

组合铸型　　　　　　　　　　铸件

图 3-57　无模铸型制造工艺步骤

司合作，通过 3D 打印砂模，铸造离合器外壳，见图 3-60。一般来说铸造薄壁结构的零件，尤其是薄壁离合器壳体，对砂型制造有很大的挑战性，这款铝制离合器箱是用来做设计验证过程中的原型，尺寸为 465 毫米×390 毫米×175 毫米，重 7.6 千克，见图 3-60(a)。通过维捷的 3D 打印机来完成砂型制作，维捷专家选用了高质量的 GS09 砂来达到极薄的壁厚打印，砂型精度高，结构清晰准确，见图 3-60(b)。

加工设备	加工的树脂砂铸型

图 3-58　DMM 设备和制造的铸型

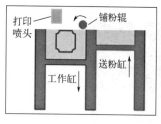

(a) 3DSP原理　　　　　(b) 加工设备　　　　　(c) 3DSP打印的铸型

图 3-59　3DSP 原理和打印设备及铸型

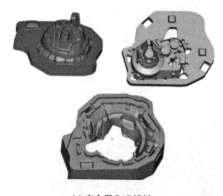

(a) 离合器CAD设计　　　　　(b) 离合器3D打印砂型

图 3-60　离合器外壳 3D 打印砂型方案

3.2　金属塑性成型技术

3.2.1　金属塑性成型技术概述

3.2.1.1　金属塑性成型概念

金属坯料在外力作用下产生塑性变形，从而获得具有一定几何形状、尺寸、精度以及服役性能的材料、毛坯或零件的加工方法称为塑性成型。古代金属兵器和日常工具往往采用塑性成型方式生产，俗称"打铁"。"打铁"和"翻砂"都属于古老的金属成型技术，都有数千年以上历史，"翻砂"必须有模有样，"打铁"还得千锤百炼。现代社会中，在一些农村地区还存在打铁的手工艺［见图 3-61(a)］，并保留原汁原味的手工艺打铁产品。农耕社会的生产和人们的生活用具都离不开"铁匠铺"打造的产品，如生产需要的锄、耙、刀、斧等，生活需要的铲、勺、钩、钉等。随着社会的发展，人们的生产和生活方式发生了很大变化，打铁这项传统技艺慢慢被机械作业代替，打铁行业渐渐淡出了我们的视线。

工业革命后，机械设备的进步使得塑性加工设备得以发展，成型重量或体积范围越来越大，机械压力机已大规模用于生产，见图 3-61(b)。采用塑性加工方法成型，不仅原材料消耗少、生产效率高、产品质量稳定，而且能有效地改善和控制金属的组织与性能。塑性成型金属在国民经济与国防建设中占有十分重要的地位。

(a) 手工打铁

(b) 机械锻造

图 3-61　手工打铁和机械锻造

3.2.1.2　塑性成型的特点

① 它能细化晶粒，消除组织微观缺陷，锻件的质量比铸件好。

② 精密塑性成型件不产生切削，材料利用率高。

③ 易于实现机械化、自动化，可高速、大批量生产锻件。

④ 设备较庞大，相对铸造能耗较高，设备投资较大。

金属冶炼完成后，浇注成铸件直接使用，或者浇注成锭进一步加工。铸造的优势是成本低、复杂形状可以成型，但是性能比较差，主要原因是组织粗大，甚至有缺陷。图 3-62 所示的叶轮，形状复杂只能用铸造的方式制造，即便采用最好的铸造方法，也只能得到细晶的组织，进一步提升金属零件力学性能的可能性很小。但是用锻造可以得到好的组织，但是叶片的空间结构无法快速成型，分段焊接时间长、成本高，零件整体的高精度难以保证。

塑性加工是在铸锭的基础上进行压力加工的，可使铸锭内部疏松多孔、晶粒粗大且具有不均匀组织等许多缺陷得到改善。经塑性成型过程中变形、组织回复、再结晶等过程，其结构致密、组织改善、性能提高，见图 3-63(a)～(c)。压力加工后的锻件，可以看见很清晰的纤维组织，见图 3-63(d)。因此，90%以上铸钢件都要用铸锭的形式经过塑性加工，然后通过机械加工成型。成本比铸件有所增加，但是性能得到了保障。

(a) 熔模精密铸造叶轮   (b) 叶轮内部组织

图 3-62　铸造零件及其组织

[图(b) 上方是采用熔模铸造的叶轮，下方是采用砂型铸造的叶轮]

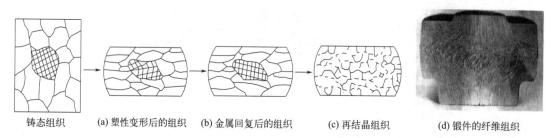

铸态组织　　(a) 塑性变形后的组织　(b) 金属回复后的组织　(c) 再结晶组织　　(d) 锻件的纤维组织

图 3-63　金属的回复和再结晶

3.2.1.3　塑性成型的种类

塑性成型是机械制造业的基本工艺方法之一，历史悠久。近半个世纪来，国内外塑性成型发生了重大变革，除传统的锻压工艺向着高精度、高质量的方向发展外，又出现了许多省力、节能的加工方法，如精密模锻、挤压成型、辊锻、摆辗成型、液态模锻、旋转锻造、楔横轧、旋压技术、半固态成型、超塑成型、粉末锻造、精密冲裁等，塑性成型类型如图 3-64 所示。

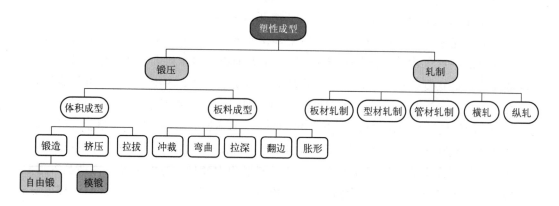

图 3-64　塑性成型工艺类型

3.2.2 模具 CAD/CAM/CAE

1972 年 10 月，国际信息处理联合会（IFIP）在荷兰召开的"关于 CAD 原理的工作会议"上给出如下定义：CAD 是一种技术，其中人与计算机结合发挥各自所长，从而为一个问题求解，紧密配合，从而使其工作优于每一方，并为应用多学科方法的综合性协作提供了可能。CAD 是工程技术人员以计算机为工具，对产品和工程进行设计、绘图、分析和编写技术文档等设计活动的总称。

CAM 的狭义概念指的是从产品设计到加工制造之间的一切生产准备活动，它包括 CAPP、数控编程、工时定额的计算、生产计划的制订、资源需求计划的制订等。如今，CAM 的狭义概念甚至进一步缩小为数控编程。CAM 的广义概念包括的内容则很多，除了上述 CAM 狭义定义包含的所有内容外，它还包括制造活动中与物流有关的所有过程（加工、装配、检验、存贮、输送）的监视、控制和管理。CAD/CAM 系统组成包括硬件系统和软件系统，具体见图 3-65。

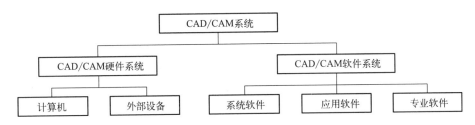

图 3-65　CAD/CAM 系统的组成

华中科技大学材料成形与模具技术全国重点实验室是国家在材料成型、新材料和模具技术领域建设的国家重点实验室。实验室的总体定位和目标为：围绕成型制造的科学与技术问题，以应用基础研究为主，并向基础研究和应用开发研究延伸，通过材料、成型、力学、计算机、激光等学科的交叉，研究先进的材料制备、材料成型和模具技术。材料成形过程模拟技术及其应用、模具生产过程的动态优化调度技术及其应用等获国家级、省部级科技进步奖，为我国模具 CAD/CAM 的技术进步和应用推广作出了重要贡献。成功开发了级进模 CAD/CAM 系统、覆盖件模 CAD/CAM 系统、注塑模 CAD/CAM 系统，并在国内外生产企业中大量应用。图 3-66 所示是应用实例。

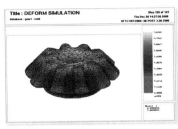

(a) 模具CAD三维模型　　　(b) 差速器齿轮CAE　　　(c) 轿车连杆CAE

图 3-66　CAD/CAM/CAE 系统的应用

3.2.3 大型锻件成型技术

3.2.3.1 水压机原理

当人类进入工业时代后，重型机械的零件往往重达几吨、几十吨甚至几百吨，传统铁匠用铁锤就无能为力了。强度超过钢铁的钛合金材料，也非人力所能加工，必须采用机械力装置。随着大型蒸汽机、发电机、重型火车、装甲巡洋舰、大口径火炮等重型机械设备制造需求的增长，锻造液压机也得到了迅速发展。

液压机是塑性成型的主要装备之一，它是以帕斯卡液体静压传动为基本工作原理（图3-67），用乳化液、水或矿物油为工作介质，对金属进行压力加工的机械。简单地说，就是在水力系统中的一个活塞上施加一定的压强，必将在另一个活塞上产生相同的压强增量。如果第二个活塞的面积是第一个活塞的面积的10倍，那么作用于第二个活塞上的力将为第一个活塞上的力的10倍，而两个活塞上的压强仍然相等，千斤顶就是用的这个原理。

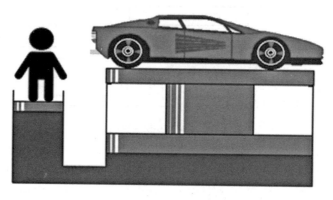

图 3-67　帕斯卡原理

水压机是液压机的一个分支。水压机又可分为自由锻造水压机和模锻水压机。其中自由锻造水压机主要用自由锻方式，来锻造大型高强度部件，如船用曲轴、重达百吨的合金钢轧辊等。模锻水压机则用坯料在模具中锻压成型的方式，来制造一些强度高、形状复杂、尺寸精度高的零件，如飞机起落架、发动机叶片等航空零件。自由锻造水压机力量巨大，金属零件在水压机中像揉面一样被反复锻打。锻造液压机不仅是金属成型的一种方法，同时也是锻合金属内部缺陷、改变金属内部流线、提高金属力学性能的重要手段。

3.2.3.2 大型水压机的发展

自1893年世界第一台万吨级（126MN）自由锻造水压机（图3-68）在美国建成以来，万吨级液压机作为大型高强度零件锻造核心装备的地位，就一直没有动摇过。随着近代工业技术发展和两次世界大战的推动，大型液压机更是成为各工业化国家竞相发展航空、船舶、重型机械、军工制造等产业的关键设备。苏联在1935年制造了1.5万吨自由锻造水压机，日本制钢所室兰工厂在1940年从德国进口了一台1.4万吨自由锻造水压机。第二次世界大战中研制的各种飞机、坦克、军舰，乃至火车、汽车等民用产品中，都有重型液压机制造的关键部件。到第二次世界大战结束前，苏联已经拥有 4 台超过万吨的大型水压机，美国更是超过 10 台，重型锻压设备便成为一个国家工业实力的象征。

图 3-68　世界第一台万吨级自由锻造水压机

中国曾经研发运-10 客机，由于当年锻造能力薄弱，运-10 被迫使用多段较短的承力结构相连充当主梁。核反应堆压力容器和大型铸锻件是核岛中的关键主设备，对钢水纯净度、钢锭和锻件质量的要求很高，没有大型压力机无法生产。过去只有日本制钢所、法国克鲁索、韩国斗山具备生产能力，我国在锻件价格及交货期上一直受制于国外公司。

1953—1957 年间，我国从苏联和捷克斯洛伐克进口了 8 台 800～6000 吨级自由锻造水压机，分别安装在筹建中的齐齐哈尔第一重机厂、太原重机厂等单位。这批千吨级水压机，便成为中国重工业体系建设的起点。

1961 年 12 月上海江南造船厂成功地制造了我国第一台万吨水压机（图 3-69）[28]，这台水压机的制造成功，为我国的锻造事业跨进世界先进行列起了重要推动作用。它是锻造万吨巨轮发动机主轴、大型发电机转子轴、大型轧钢机架、炮管及导弹壳等不可缺少的设备，至今已经服役了半个多世纪。

图 3-69　上海江南造船厂研制的中国第一台万吨水压机

1967 年，中国第一重型机器厂成功建成亚洲最大的 30000 吨级模锻水压机（图 3-70）。1970 年，30000 吨级模锻水压机和 12500 吨卧式挤压机，开始在西南铝加工厂（冶金部 112 厂）安装。

1973 年 9 月，西南铝加工厂 30000 吨模锻水压机第三次试车成功，挤模压车间全部建成投产。而后我国在该领域的发展停滞了将近 40 年，直到 2010 年前后爆发式地研制了多台大型压机。仅 2012 年建成的就有 30000 吨（昆仑重工）、40000 吨（三角航空）、80000 吨（图 3-71）模锻压机各一台。

图 3-70　中国第一重型机器厂
30000 吨级模锻水压机

图 3-71　中国第二重型机械集团
80000 吨级模锻液压机

2012 年 12 月 11 日，由我国自主设计研制的世界最大模锻液压机，在四川德阳中国第二重型机械集团进入调试阶段，于 2013 年 4 月 10 日投入试生产[29]。这台 8 万吨级模锻液压机，地上高 27 米、地下 15 米，总高 42 米，设备总重 2.2 万吨。该机建造成功，标志我国装备制造业整体水平进一步提升，实现了锻造产品从高端产品向世界顶级产品的跨越，关键大型锻件受制于国外的时代彻底结束。该机成为我国国民经济特别是装备制造业和维护国家安全不可缺少的重要战略装备。

3.2.3.3　大型锻件应用实例

2006 年 8 月 4 日，西南铝业集团首次轧制出亚洲最大的 5 米直径巨型铝合金锻环（图 3-72）[30]，为后续研制新一代长征系列大推力运载火箭储箱结构零件奠定了基础。在"神舟七号"工程（图 3-73）中，西南铝业集团承担了十多个品种、六十多个规格的铝合金关键材料和构件的研制和试制任务，主要生产飞船骨架和运载火箭的结构件、连接件和受力件等。

图 3-72　5 米直径巨型铝合金锻环

图 3-73　"神舟七号"飞船加注前准备

万吨级液压机也是制造船用发动机曲轴毛坯锻件（图 3-74）的关键设备，可制造大型海船、大型舰艇、航母等发动机用曲轴等。2000 年西南铝业集团建成国内第一条铝合金特种型材生产线，成功研制出地铁及高速列车车厢用铝合金特种型材（图 3-75），结束了我国不能生产地铁、高速列车等车厢用铝合金特种型材的历史。

图 3-74 大型船用发动机
曲轴毛坯锻件

图 3-75 高速列车车厢用
铝合金特种型材

3.2.4 模锻

模锻是金属坯料在外力作用下发生变形充满模腔，获得所需形状、尺寸并具有一定力学性能的锻造生产工艺。由于金属坯料在模腔中受限变形，不同于自由锻坯料不受限制的自由变形，因而能得到与模腔形状相符的锻件。模锻是成批量生产锻件的主要成型工艺，在汽车、机械、造船、航空航天、军工等制造领域应用极广。图 3-76 所示是各种模锻件。

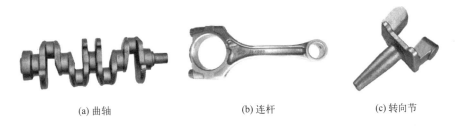

(a) 曲轴　　　　　　　　(b) 连杆　　　　　　　　(c) 转向节

图 3-76 典型模锻件

按照模锻时锻件是否形成飞边，模锻工艺可分为开式模锻和闭式模锻两种。

开式模锻中，金属坯料在上模和下模形成的模腔中受力变形，如图 3-77 所示，通常为了减小变形力和提高金属的塑性，坯料应加热至高温，金属坯料在较高温度下变形。一些材料从模腔中流出形成飞边，飞边在开式模锻中有十分重要的作用，其主要作用是形成细薄飞边加快冷却，使得零件温度快速降低，可以提供较大摩擦阻力和流动阻力，阻碍金属从模腔中向外流出，从而迫使金属向内流动，充满模腔，得到饱满的锻件。

锻模是模锻生产的重要工艺设备。图 3-78 是一个典型的锻模结构，采用了镶嵌结构。它由上模座、下模座和几个镶嵌件模芯组成。镶嵌结构，特别适合复杂形状锻件生产，镶嵌件模芯在磨损和失效后也容易更换，方便维修和生产，与金属坯料接触的模芯一般采用高强度和高硬度的优质模具钢制造。

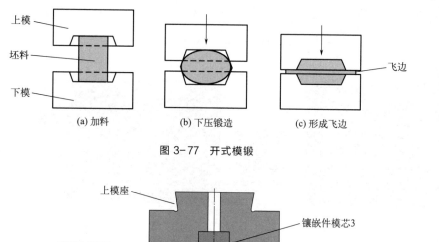

(a) 加料　　　　　(b) 下压锻造　　　　　(c) 形成飞边

图 3-77　开式模锻

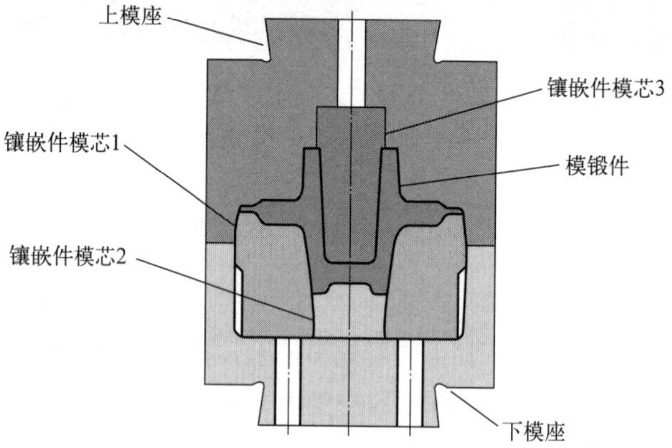

上模座

镶嵌件模芯3

镶嵌件模芯1

模锻件

镶嵌件模芯2

下模座

图 3-78　锻模结构

图 3-79 是一个连杆的模锻生产过程。将棒料剪切或者锯床下料后，坯料加热，分别

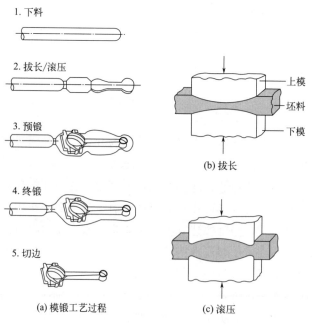

1. 下料

2. 拔长/滚压

3. 预锻

4. 终锻

5. 切边

(a) 模锻工艺过程

上模

坯料

下模

(b) 拔长

(c) 滚压

图 3-79　连杆的模锻生产过程

经拔长、滚压、预锻、终锻、切边后，得到连杆锻件。其中拔长、滚压属于制坯工步，预锻和终锻属于模锻工步，切边属于辅助工步。对于形状复杂的模锻件，为了使坯料形状基本接近模锻件形状，金属能合理分布并能很好地充满模腔，必须预先进行制坯。拔长主要是使坯料的横截面积减小，增加长度，轴类零件一般均需要先拔长。滚压也称为滚挤，它主要是使某一部分的材料聚集，增大横截面积，更接近于模锻件形状。

预锻的作用是使坯料变形到接近锻件所要求的形状和尺寸，经过预锻后再进行终锻，金属容易充满模腔，同时减少了终锻模腔的磨损，延长了锻模的使用寿命。经过终锻后，锻件获得它的最终形状，任何锻件的模锻均需要终锻成型。终锻形成的飞边通过切边模切边后，就可以获得所需的锻件，切边模结构见图 3-80。

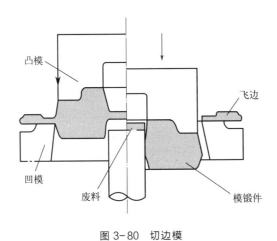

图 3-80　切边模

在模锻生产中，要使用各种锻造压力机。它们主要是曲柄压力机、连杆式精压机、摩擦压力机、液压机等，如图 3-81 所示。

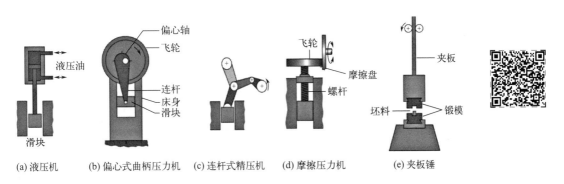

(a) 液压机　(b) 偏心式曲柄压力机　(c) 连杆式精压机　(d) 摩擦压力机　(e) 夹板锤

图 3-81　锻造压力机类型

液压机 [图 3-81(a)] 是通过液体传递压力的机器，其工作原理是：通过液压系统传送的高压液体进入液压缸的上腔或者下腔，活塞在液压油驱动下上行或下行，下行施加压力，使金属坯料在模腔中变形。在变形过程中，液压力恒定，不随行程变化而变化，这是液压机的特点,但液压机滑块运动速度较慢,锻造时间较长,金属坯料容易冷却,这对于某些锻造温度较窄的合金金属不利,除非对模具实施加热,如采用等温锻造工艺。

机械压力机中的曲柄压力机在模锻生产中应用广泛。偏心式曲柄压力机如图3-81(b)所示,它由偏心轴、飞轮、连杆、滑块、床身等组成,偏心轴和飞轮组成曲柄连杆机构,曲柄连杆机构的运动由飞轮控制,飞轮使曲柄旋转,再通过连杆将曲柄的旋转运动转换成滑块的上下往复直线运动,从而实现对坯料的锻造。曲柄压力机的滑块行程固定,下死点位置准确,因此锻件的尺寸精度高,尤其是高度方向尺寸精度好,坯料在压力机的一次行程中完成模锻,因此生产效率高,模锻件品质好。曲柄压力机广泛应用于汽车锻件的大批量生产,如汽车上的连杆、曲轴、齿轮、传动轴、转向节锻件等的生产。

摩擦压力机是模锻生产中较常见的锻压设备,原理如图3-81(d)所示,它既有锤的特性又有压力机的特性,其工作原理是:电动机使摩擦盘在机架上的轴承中旋转,当它与飞轮接触时,借助摩擦力带动飞轮转动,与飞轮联结的螺杆一同旋转,由于螺母与机架联结成一体,于是在螺杆、螺母运动副下,螺杆边旋转边移动,改变摩擦盘的旋转方向,螺杆也随飞轮作不同方向的旋转,与螺杆联结的滑块上下滑动,靠飞轮的惯性下压,实现模锻生产。

摩擦压力机模锻的特点是:

① 可以满足模锻各工序的成型要求,适用范围大,如除模锻工序外,还能完成弯曲、切飞边、热压校正等生产过程;

② 滑块运动速度较低,金属再结晶过程充分,因而特别适合低塑性合金的生产;

③ 抗偏心载荷能力较差,通常只使用单模膛锻模。

因此,摩擦压力机适合小批和成批生产中小型锻件,如气门、螺钉、三通阀体、螺母、齿轮等。摩擦压力机结构简单,造价低,投资小,因此,在中小型工厂的中小件和中小批生产中使用较广。近年来,摩擦压力机有被电动螺旋压力机取代的趋势。

3.2.5 冲压

冲压是指在压力机上通过模具对材料进行分离或塑性成型加工,使之成为具有一定形状及尺寸精度的零件的加工方法,见图3-82。由此得到的零件,称为冲压件。

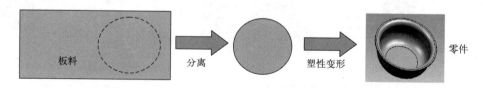

图3-82 冲压方法

冲压是塑性变形的基本形式之一。冲压是在常温下进行的,即不需加热,故又称为冷冲压;冲压加工的对象都是板料,故又称为板料冲压。冲压需具备三个要素,即冲床(设备)、模具、原材料(图3-83)。

| 冲床 | 模具 | 钢板原材料 |

图 3-83　冲压三要素

冲压集优质、高效、低能耗、低成本于一身，这是其他加工方法无法与之相比拟的，因此冲压的应用十分广泛，如在汽车、拖拉机、仪器仪表行业中，冲压件占 60%～70%，日常生活中的各种不锈钢餐具等也由冲压制得。从精细的电子元件、仪表指针到重型汽车的覆盖件和大梁以及飞机蒙皮等均需冲压加工，见图 3-84。

(a) 汽车车身　　　　　　　　　　　　　　(b) 飞机蒙皮

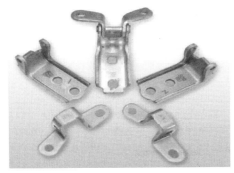

(c) 五金零件　　　　　　　　　　　　　　(d) 电子器件零件

图 3-84

(e) 生活用具   (f) 仪器仪表

图 3-84　冲压件的应用

冲压的特点如下：

① 生产效率高，操作简单，便于实现机械化和自动化；

② 尺寸精度高，互换性好；

③ 材料利用率高，一般可达 70%～85%，有的高达 95%；

④ 可得到其他加工方法难以加工或无法加工的形状复杂的零件，如薄壳拉深件；

⑤ 可得到重量轻、刚性好、强度大的零件；

⑥ 不需要加热，可以节省能源，且冲压件表面质量好；

⑦ 大量生产时，产品成本低。

3.2.5.1　冲压基本工序

板料冲压基本工序按其特征分为分离工序和成型工序两大类，见表 3-12。分离工序是使坯料的一部分相对于另一部分产生分离而得到零件，如落料、冲孔、切断和修边等，多用于生产有孔的、形状简单的薄板平面零件。成型工序是使坯料的一部分相对于另一部分发生塑性变形而不被破坏，从而得到一定形状和尺寸的立体零件，主要有拉深、弯曲、翻边和胀形等。

表 3-12　板料成型的基本工序

工序性质	工序名称	工序简图	工序定义
分离 工序	落料	工件　废料	用模具沿封闭线冲切板料，冲下的部分为工件，其余部分为废料
	冲孔	废料　工件	用模具沿封闭线冲切板材，冲下的部分是废料

工序性质	工序名称	工序简图	工序定义
成型工序	弯曲		将板料弯成一定角度或一定形状
	拉深		将平板坯料变成任意形状的空心件
	翻边		将板料或工件上有孔的边缘翻成竖立边缘
	胀形		使空心件（或管料）的一部分沿径向扩张，呈凸肚形

3.2.5.2 冲裁

冲裁是利用冲模使板料（或工件）沿封闭轮廓分离的工序，它是落料和冲孔的合称。如果需要的是落下来的料，该过程称为落料；如果需要的是冲出来的孔，该过程称为冲孔。

冲裁变形过程见图 3-85。普通冲裁时，凸模和凹模的边缘都带有锋利的刃口，当凸模向下运动压住板料时，板料受挤压产生弹性变形，并进而产生塑性变形。由于凸模及凹模刃口存在应力集中，当此处材料的内应力超过一定限度后，即开始出现裂纹，随着凸模继续下压，裂纹逐渐向板料内部扩展直至汇合，板料即被切离。

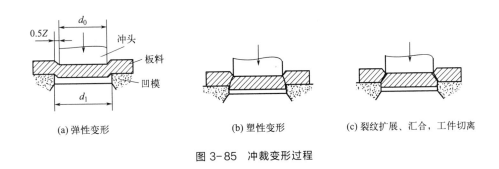

(a) 弹性变形　　　　　　(b) 塑性变形　　　　　(c) 裂纹扩展、汇合，工件切离

图 3-85　冲裁变形过程

冲裁过程中，凸、凹模之间要有合理的双面间隙 Z，这样才能保证凸模及凹模处的裂

纹相互重合，从而获得表面光滑、略带斜度的断口。若间隙过大，上、下裂纹不能自然汇合，断口呈撕裂状，毛刺增大；若间隙过小，裂纹也不能自然汇合，断口中间呈撕裂的层片状，并且冲模刃口很快磨钝，不仅破坏冲裁质量，而且大大缩短模具寿命。合理的冲裁间隙，一般 $Z = (10\% \sim 25\%)\ t$（t 为板料厚度）。

3.2.5.3 弯曲

弯曲属于成型工序，是将板料的一部分相对于另一部分弯曲成一定角度的工序。弯曲过程如图 3-86 所示。凸模下降与板料接触后，板料开始弯曲，随着凸模下压，弯曲半径由 R_0 减小为 R_1，凸模继续下压，板料的内侧开始与凸模的工作表面接触，随后又向相反方向弯曲，弯曲半径 R 继续减小，最后板料与凸模和凹模完全贴合。

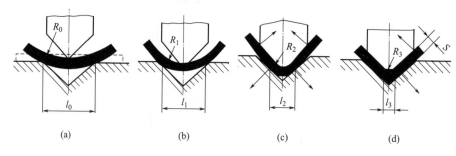

(a)　　　　　(b)　　　　　(c)　　　　　(d)

图 3-86　板料弯曲过程

板料弯曲时，内侧的金属在切向压应力作用下产生压缩变形；外侧金属在切向拉应力作用下产生拉伸变形。板料的外表面层产生的拉伸应变量最大，所受的拉应力也最大，甚至可能弯裂。

为防止弯裂，除了不要使弯曲半径过小及应选用塑性较好的材料外，弯曲时还应注意金属板料的纤维组织方向应尽量使弯曲线与板料的纤维组织方向垂直，否则弯曲时容易破裂，如图 3-87 所示。

(a) 弯曲线与纤维　　　(b) 弯曲线与纤维　　　(c) 弯裂
组织方向平行　　　　组织方向垂直

图 3-87　弯曲线与板料纤维组织方向

板料弯曲的机理虽然相同，但弯曲的方法较多。图 3-88 为板料的折弯、滚弯及压弯三种弯曲方法实例。

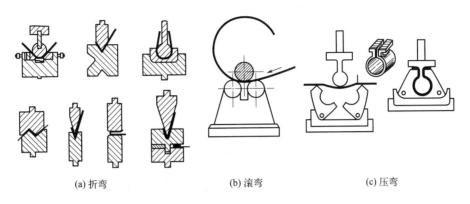

(a) 折弯   (b) 滚弯   (c) 压弯

图 3-88　各种弯曲方法实例

3.2.5.4　拉深

拉深是将平面板料变形为中空形状冲压件的工序。它是成型工序的基本工序之一，通过拉深，可制成各种各样的零件，如易拉罐。

板料拉深的变形过程如图 3-89 所示。原始直径为 D_0 的平面毛坯，放在带圆角的凹模上，凸模下行时，先由压边圈压住毛坯，然后凸模继续下行，将平板毛坯拉深成内径为 d、高度为 H 的杯形拉深件。

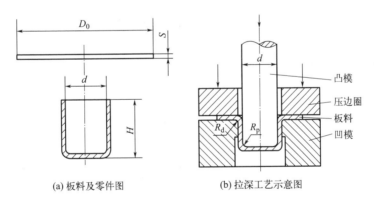

(a) 板料及零件图   (b) 拉深工艺示意图

图 3-89　板料拉深

在拉深过程中，法兰部分为主要变形区域，在该区域金属材料产生较大的塑性变形。在圆周方向金属受切向压应力而产生收缩变形，在毛坯径向金属受到凸模的拉深力作用产生径向伸长变形，于是法兰区的金属成为拉深件的筒壁，而位于凸模底部的金属在整个拉深过程中基本不变形，成为拉深件的底部。

3.2.6　其他金属塑性成型技术

3.2.6.1　轧制技术

轧制技术是将金属坯料通过一对旋转轧辊的间隙，因受轧辊的压缩使材料截面减小、长度增加的压力加工方法，这是生产钢材最常用的方式，主要用来生产型材、板材、管材，分热轧和冷轧两种。轧制的原理是靠旋转的轧辊与轧件之间形成的摩擦力将轧件拖进辊缝之间，并使之受到压缩产生塑性变形，见图3-90。轧制工艺是钢厂生产钢板、圆钢等各种型材的主要手段，各种制品见图3-91。

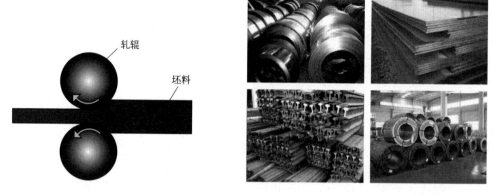

图 3-90 轧制的基本原理　　　　　图 3-91 轧制的各种钢材产品

3.2.6.2 挤压技术

对放在挤压筒中的坯料一端施加压力，坯料在三向压应力作用下，从模具的孔口或缝隙挤出，其横截面积减小而长度增加，成为所需制品的加工方法称为挤压。挤压成型按金属流动方向及变形特征有以下分类：正挤压、反挤压、径向挤压、连续挤压、玻璃润滑挤压及特殊挤压（静液挤压等）。工业中常见挤压工艺如图3-92所示。

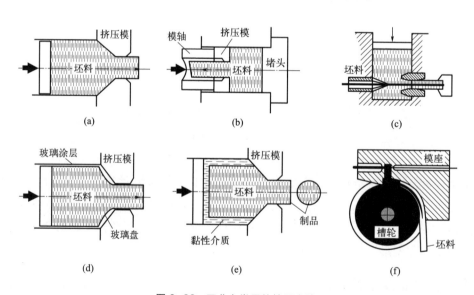

图 3-92 工业上常用的挤压方法

（a）正挤压；（b）反挤压；（c）径向挤压；（d）玻璃润滑挤压；（e）静液挤压；（f）连续挤压

根据挤压温度的不同分为热挤压和冷挤压。热挤压一般用于各种钢坯、钢型材、线材及管材的成型。冷挤压一般用于机械制造行业，用于轻合金型材的成型，譬如铝合金、铜合金、镁合金等，常见挤压产品见图3-93。

(a) 铝管   (b) 防锈管   (c) 散热器管

(d) 铝合金方管   (e) 铝合金型材   (f) 电子器件散热器

图 3-93　工业上常用的挤压制品

3.2.6.3　精密模锻技术

精密模锻技术是一种近净成形技术，是指锻造零件成型后，仅需要少量加工或不再加工，就可以用作机械构件的模锻成型技术，即制造接近零件形状的工件毛坯。与传统成型技术相比，它减少了后续的切削量，减少了材料消耗、加工工序，显著提高了生产效率和产品质量，降低了生产成本，提高了产品的市场竞争能力。精密模锻技术中常用的成型方法有：闭式模锻、挤压、等温锻造、体积精压等。

闭式模锻技术是近年来迅速发展的精密塑性成型新技术，坯料在成型过程中处于强烈的三向压应力状态，一次成型便可获得形状复杂的精锻件，生产效率高，锻件的精度高。闭式模锻时，作用在模腔上的单位压力很高，所需的合模力很大，模压设备应足够重，闭式模锻过程见图3-94。闭式模锻可以成型精密的锻件，如钢件、铝件、钛合金零件等，见图3-95。

等温锻造也是一种精密模锻技术。等温锻造是将模具和坯料都加热到坯料的锻造温度，并在整个变形过程中保持温度不变，是近年来发展起来的一种金属塑性加工新工艺。其常用于航空、航天工业中钛合金、铝合金、镁合金零件的精密模锻。常规锻造时，上述金属材料的锻造温度范围比较窄，尤其在锻造具有薄的腹板、高筋和薄壁零件时，坯料的温度很快地向模具散失，变形抗力迅速增加，塑性急剧降低，不仅需要大幅度地提高设备重量，也易造成锻件和模具开裂，而等温锻造很好地解决了这些问题。根据生产实践，薄壁高筋类、盘类、梁类、框类等精锻件很合适用等温锻造工艺生产。图 3-96 是等温锻造模具示意图，打开上下模的温度控制（加热圈 4 和 5）使得模具温度和零件温度基本上恒定一致。

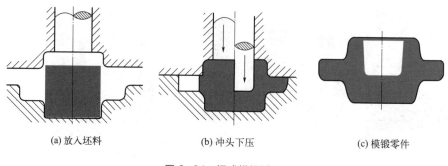

(a) 放入坯料　　　　　　　(b) 冲头下压　　　　　　　(c) 模锻零件

图 3-94　闭式模锻过程

(a) 铝合金筒型机匣　　　　(b) 铝合金转子　　　　　　(c) 钢齿轮零件

图 3-95　闭式模锻零件

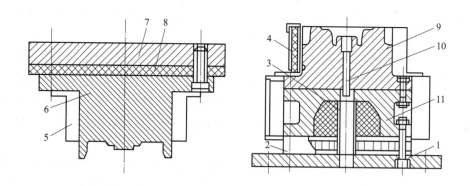

图 3-96　等温锻造模具

1—下模板；2—中间垫板；3,8—隔热层；4,5—加热圈；
6—凸模；7—上模板；9—凹模；10—顶杆；11—垫板

等温锻造提高锻件精度的原因：

① 模锻金属变形抗力和模锻压力降低，减小了模具系统的弹性变形；

② 变形温度波动减小，锻件几何尺寸稳定；

③ 锻件内残余应力减小，使冷却和热处理变形减少，使锻件质量得到改善；

④ 变形温度降低，并使用保护润滑涂层，可减小氧化与脱碳层的厚度，使锻件的表面质量得到改善。

等温锻造的特点：

① 锻造时模具和坯料保持相同的恒定温度；

② 变形速度很低；

③ 采用电感应法或电阻法加热模具；

④ 桥口部分宽高比大，桥口的宽高比比一般开式模锻大 3～4 倍；

⑤ 可提高金属的塑性，降低变形抗力，有利于锻造形状复杂的精密锻件。

等温锻造主要应用于难塑性成型材料的精密塑性成型，解决性能要求很高的复杂零件精密塑性成型问题。图 3-97 所示是复杂镁合金、钛合金等温锻造零件。

(a) 某型号直升机镁合金上机匣   (b) 钛合金斜流转子

图 3-97　等温锻造零件

3.3　金属焊接成型技术

在现代制造工业中，例如桥梁、船体、车厢、容器、电子产品等，都离不开焊接。焊接在制造大型结构件或复杂机器时，优越性突出，它可以化大为小、化复杂为简单来备料，然后逐次焊接拼小成大，拼简单为复杂，是其他工艺方法难以做到的。可以对不同种材料进行焊接，可在不同金属间或金属与非金属间进行焊接。因此，焊接成型技术成为金属材料三大传统成型技术之一。

3.3.1　焊接技术概述

（1）焊接的概念与发展历史

焊接是通过加热、加压，或两者并用，使分离的两工件产生原子间结合的加工工艺和连接方式。焊接应用广泛，既可用于金属，也可用于非金属。

焊接技术是随着金属的应用而出现的，古代的焊接方法主要是铸焊、钎焊和锻焊。中国商朝制造的铁刃铜钺[31]［图3-98(a)］，就是铁与铜的铸焊件，其表面铜与铁的熔合线蜿蜒曲折，接合良好。

春秋战国时期曾侯乙墓中的建鼓铜座上有许多盘龙［图3-98(b)］，盘龙是分段钎焊连接而成的，经分析，所用的钎料与现代软钎料成分相近。据专家研究，建鼓铜座采用了传统的范铸法分段铸造，后经过焊接而成，且这件鼓座上粗壮龙身盘绕，分别铸造之后的焊接十分有难度，成型非常不易。

战国时期制造的刀剑，刀刃为钢，刀背为熟铁，一般是经过加热锻焊而成的。

(a) 商晚期的铁刃铜钺　　　　　　　　　(b) 战国时期的建鼓铜座

图3-98　古青铜器中的焊接结构

据明朝宋应星所著《天工开物》一书记载，将铜和铁一起入炉加热，经锻打制造刀、斧；用黄泥或筛细的陈久壁土撒在接口上，分段锻焊大型船锚［图3-99(a)］。中世纪，在叙利亚大马士革也曾用锻焊制造兵器。古代焊接技术长期停留在铸焊、锻焊和钎焊的水平上，使用的热源都是炉火，温度低、能量不集中，无法用于大截面、长焊缝工件的焊接，只能用于制作装饰品、简单的工具和武器。

19世纪初，英国的戴维斯发现电弧和氧乙炔焰两种能局部熔化金属的高温热源。

1885—1887年，俄国的别纳尔多斯发明碳极电弧焊钳。

1900年，法国人Fouch和Picard制造出第一个氧乙炔割炬［图3-99(b)］。

20世纪初，碳极电弧焊和气焊得到应用，同时还出现了薄药皮焊条电弧焊。电弧比较稳定，焊接熔池受到熔渣保护，焊接质量得到提高，使手工电弧焊进入实用阶段，电弧焊从1920年起成为一种重要的焊接方法。

1931年，由焊接工艺制造、全钢结构组成的美国帝国大厦［图3-99(c)］建成。

1940年，钨极和熔化极气体保护焊相继问世。

1951年，俄罗斯巴顿焊接研究所发明了电渣焊。

1953年，俄罗斯人发明了二氧化碳气体保护焊。

1956年，美国的J.B.琼斯发明超声波焊；俄罗斯的楚迪克夫发明摩擦焊技术。

(a)《天工开物》中的锤锚图　　　(b) 第一个氧乙炔割炬(法国)　　　(c) 美国帝国大厦

图 3-99　国际上早期焊接的应用

1959 年，美国斯坦福研究所研究成功爆炸焊。

20 世纪 60 年代，出现了等离子、电子束和激光焊接的方法。

1991 年，英国焊接研究所发明了搅拌摩擦焊，成功焊接了铝合金平板。

1993 年，奥地利福尼斯（Fronius）公司生产了第一款全数字化的绝缘栅双极型晶体管（IGBT）逆变焊机。

1996 年，以乌克兰巴顿焊接研究所 B. K. Lebegev 院士为首的三十多人的研制小组，研究开发了人体组织的焊接技术。

2001 年，人体组织焊接成功并应用于临床。

2002 年，焊接完成了三峡水轮机。

2005 年，激光深熔焊（laser deep penetration welding）在焊接领域取得重大突破，实现了对厚板材料的高速、高质量焊接。

2008 年，国家体育场——"鸟巢"竣工，内部钢结构支撑骨架完成焊接。

2010 年，迪拜哈利法塔内高强度钢支撑结构完成焊接。

2013 年，北京航空航天大学"飞机钛合金大型复杂整体构件激光成形技术"项目完成，解决了焊接过程中钛合金变形、断裂的技术难题。

2018 年，中国港珠澳大桥主体工程完成交工验收。

2019 年，中国船舶集团七二五所通过大功率真空电子束焊接，成功突破高强高韧钛合金材料特殊焊接工艺，这是世界上首次应用此类技术一次性成功完成载人舱赤道缝焊接。

2019 年，苏格兰爱丁堡赫瑞瓦特大学研发出一种超高速激光系统，通过"超快激光微焊接"方法，成功将玻璃和金属焊接在一起。

2020 年，美国 IPG 公司推出适合小体积风冷激光手持焊接的激光器，以重量轻和独特风冷技术，实现了激光焊接系统的手持式焊接。

2022年，德国汉诺威激光中心（LZH）研发出新的焊头，实现了热塑性塑料和金属大面积连接。

现代焊接技术的发展趋势是从材料上扩大可焊材料的范围，如超细晶粒钢、非金属、金属与非金属组合；从结构上能够成型超大结构，如大型船舶、高层建筑；从设备上达到高效率、低能耗、数字化、自动化、智能化、柔性化；从技术工艺上实现高效率、低能耗、环保。

（2）焊接成型类型

焊接最本质的特点就是使被连接金属接头端产生局部高温熔化，使焊件达到原子互相扩散结合，从而将分开的物体形成永久性连接。经过百年的发展，已经衍生出很多的焊接方法，而熔焊、钎焊、压焊是最基本的方法。

熔焊是将待焊处母材金属熔化以形成焊缝的焊接方法；压焊是焊接过程中，必须对焊件施加压力，以完成焊接的方法；钎焊是硬钎焊和软钎焊的总称，采用比母材金属熔点低的金属材料作钎料，将焊件和钎料加热到高于钎料熔点、低于母材熔化温度，利用液态钎料润湿母材，填充接头间隙并与母材相互扩散实现连接焊件的方法。焊接的具体种类见图 3-100。

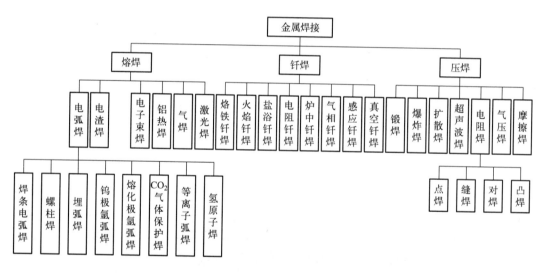

图 3-100　焊接方法的分类

（3）焊接成型特点

焊接作为工业"钢铁裁缝"，是工业生产中非常重要的加工手段，焊接质量对产品质量起着决定性的作用。据统计，我国每年钢材用量在 7000～8000 万吨，焊接不仅能解决各种钢材的连接问题，而且能解决有色金属、难加工材料钛等特种材料的连接。焊接既能连接异种金属，又能连接厚薄相差悬殊的同种金属，因而广泛应用于各个行业。焊接技术的特点很突出，经济、快速、性价比高，当然缺陷也很明显。

焊接技术的优点：

① 和其他成型方法相比较，节省材料、减轻重量、降低生产成本；简化复杂零件和

大型零件的加工工艺，缩短加工周期；适应性好，可实现特殊结构的生产及不同材料间的连接成型，见图 3-101。

图 3-101　焊接工艺

② 和其他连接方式相比，整体性好，具有良好的气密性、水密性，降低劳动强度，改善劳动条件，见图 3-102。

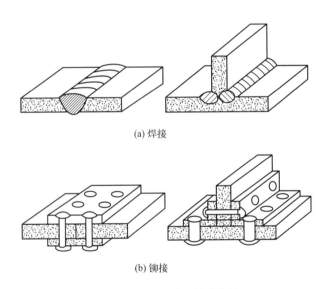

(a) 焊接

(b) 铆接

图 3-102　焊接与铆接的比较

焊接技术的不足：

① 结构不可拆卸，是永久连接。

② 焊接时局部加热，焊接接头的组织和性能与母材相比发生变化，产生焊接残余应力和焊接变形。

③ 焊接缺陷的隐蔽性，易导致焊接结构的意外破坏。

（4）焊接的应用

焊接在现代工业生产中具有十分重要的作用，在制造大型结构或复杂机器部件时，更显优越。随着技术的发展进步，焊接作为一种实现材料永久性连接的方法，已成为一门独立的学科，并广泛应用于航空、核工业、造船、建筑及机械制造等（图 3-103）。

(a) 第一艘全焊远洋船Poughkeepsie Socony号

(b) 大型建筑——国家体育场

(c) 三峡水电站水轮机叶轮

(d) 西气东输燃气管道

(e) 九江长江大桥

(f) 大型热壁加氢反应器

图 3-103　焊接技术的应用

3.3.2　气焊与气割

3.3.2.1　气焊

气焊也叫火焰焊。气焊是利用气体火焰作为热源的一种焊接方法,它借助可燃气体和助燃气体混合后燃烧产生的火焰,将接头部位母材金属和焊丝熔化,使被熔化的金属形成熔池,冷却凝固后形成一个牢固的接头,从而使两焊件连接成一个整体。火焰不仅能熔化连接面及填充材料,也能够保护焊接熔池免受空气的有害影响,其焊接基本装置如图 3-104 所示。

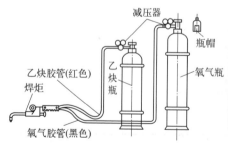
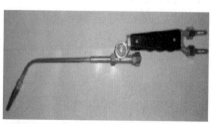

图 3-104　气焊装置

气焊火焰是可燃性气体与氧气混合燃烧形成的。氧气与乙炔混合燃烧所形成的火焰，一般称为氧乙炔火焰。氧乙炔火焰加热集中，是目前气焊中采用的主要火焰。氧乙炔火焰示意图见图 3-105。氧乙炔火焰整体呈现锥形，其温度的变化见图中温度与火焰的对应点，焰心呈现暗色，温度小于 400℃；工作区域温度最高可达 3200℃，足以熔化目前常用的结构金属。外焰部位的火焰温度也在 1000℃ 以上。氧乙炔火焰由于混合比不同分为三种火焰：中性焰、氧化焰和碳化焰。表 3-13 是焊接火焰的特点描述，表 3-14 是气焊火焰的适用范围。

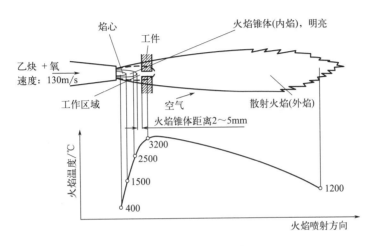

图 3-105　氧乙炔火焰

表 3-13　焊接火焰

名称	示意图	实际火焰图	说明
中性焰	焰心　内焰　外焰		焰心呈尖锥形，呈蓝白色，明亮，轮廓清楚；外焰呈淡橘红色。如氧气有杂质，氧气和乙炔的比例为（1.1～1.2）：1，此火焰不含氧化物，焊缝质量良好
碳化焰	焰心　内焰　外焰		焰心呈蓝白色，外周包着一层淡蓝色的火焰，轮廓不清楚，外焰呈橘红色，伴有黑烟。氧和乙炔的比例小于 1：1。碳化焰能使金属的含碳量增加，增加钢的强度和硬度，降低钢的塑性及可焊性
氧化焰	焰心　外焰		焰心呈淡蓝色，内焰已看不清楚，焊接时会发出"嘶嘶"的声音。氧气和乙炔的比例大于 1.2：1。过多的氧会和铁发生作用，生成氧化铁，使钢变脆、性能变差，熔池的沸腾现象也更严重

表 3-14　各种火焰的适用范围

母材金属	火焰种类	母材金属	火焰种类
低、中碳钢	中性焰	黄铜	氧化焰
纯铜	中性焰	镀锌铁板	氧化焰
铝及铝合金	中性焰	高速钢	碳化焰
铝、锡	中性焰	硬质合金	碳化焰
青铜	中性焰或弱氧化焰	高碳钢	碳化焰
不锈钢	中性焰或轻碳化焰	铸铁	碳化焰
铬镍钢	中性焰或轻碳化焰		

气焊特点如下：

① 设备简单，手工操作，产率低；

② 气体有爆炸风险，对安全要求高；

③ 不适合焊接对氧敏感的重要结构；

④ 只适合焊接薄板（5mm 以下）；

⑤ 焊接接头变形和应力大。

由于气焊火焰温度相对较低，所以气焊特别适用于薄板的焊接以及低熔点材料的焊接。气焊能用于工具钢和铸造类需要预热和缓冷的材料的焊接，同时还广泛用于有色金属的钎焊、硬质合金的堆焊以及磨损和报废件的补焊。所以其在汽车修理行业中应用广泛。在车身修理中常用气焊火焰对金属板件进行火焰热收缩，在焊接发生变形后常用气焊火焰进行火焰矫正。

3.3.2.2　气割

（1）气割原理

金属的气割过程实质是铁在纯氧中的燃烧过程，而不是熔化过程，见图 3-106(a)。氧气切割过程由 4 个步骤组成。

① 预热。将切割部位的金属表层预热至燃点以上。

② 氧化。切割用氧气从气割枪 [图 3-106(c)、(d)] 割嘴中心喷出，已达到燃点的金属急剧氧化燃烧，并形成氧化物渣。

③ 吹渣。液态的氧化物渣被高速切割氧气流吹走，将未被氧化的金属暴露在氧气流中。

④ 前进。暴露在氧气流中的金属，在上层的金属被氧化时放出的热量的作用下温度升高到燃点，继续被氧气流氧化燃烧成渣并被吹走，最后金属在厚度方向被氧化割穿。

（2）氧气切割的条件

① 金属材料的燃点应低于金属自身的熔点。

② 金属氧化物的熔点应低于被切割金属的熔点及切割温度，且流动性好。

③ 金属在氧气流中燃烧时能释放出较多的热量。

④ 金属的导热性不能太好。

气割可以切割较厚的工件，可以获得曲线割缝，但必须满足上述气割条件才能进行气割。因此，低碳钢、中碳钢和低合金钢气割性能良好而广泛采用气割。而铸铁、铝和铜及其合金、不锈钢等不具备气割条件，均不能用一般气割方法进行切割，但通过等离子切割可以获得高质量的割缝。

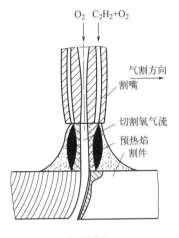

(a) 气割原理

(b) 实际气割场景

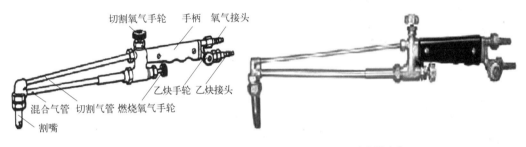

(c) 气割枪结构

(d) 气割枪实物

图 3-106　气割原理及气割枪结构

（3）气割的优点

① 气割钢的速度比其他机械切割方法快，效率高。

② 机械切割方法难以切割的截面形状和厚度，采用氧乙炔火焰切割比较经济。

③ 气割设备的投资比机械切割设备的投资低，气割设备轻便，可用于野外作业。

④ 切割小圆弧时能迅速改变切割方向；切割大型工件时，不用移动工件，只需移动氧乙炔火焰，便能迅速切割。

⑤ 可进行手工和机械切割。

（4）气割的缺点

① 切割的尺寸精度低。

② 预热火焰和排出的熔渣存在发生火灾、烧坏设备和烧伤操作工的危险。

③ 切割时，气体的燃烧和金属的氧化产生废气，需要合适的烟尘控制和通风装置。

④ 切割材料受到限制，如铜、铝、不锈钢、铸铁等不能用气割切割。

3.3.3 电弧焊

(1) 电弧焊原理

顾名思义，电弧焊一定需要电弧，电弧是一种气体放电现象，它是带电粒子通过两电极之间气体空间的一种导电过程。

焊接电弧是由焊接电源供给的，在具有一定电压的两电极间或电极与母材金属间，气体介质会产生强烈而持久的放电现象。电弧在焊条与被焊件之间燃烧，电弧热使工件和焊条同时熔化成熔池；同时电弧使焊条的药皮熔化或燃烧，产生熔渣和气体，对熔化金属和熔池起保护作用；当电弧向前移动时，熔池冷却凝固而新的熔池不断产生，形成连续的焊缝，如图 3-107 所示。

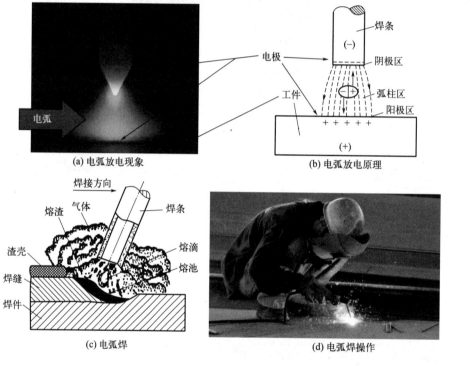

(a) 电弧放电现象
(b) 电弧放电原理
(c) 电弧焊
(d) 电弧焊操作

图 3-107　电弧焊

电弧焊是用手工操纵焊条进行焊接的方法。焊条是指在一定长度的金属丝外表层均匀地涂敷一定厚度的具有特殊作用涂料的手工电弧焊焊接材料。焊条的表面包有一层药性涂层，也叫药皮，利用药皮造渣、造气对焊芯进行联合保护，如图 3-108 所示。

手工电弧焊的主要设备是弧焊机，实际上是一种弧焊电源。按产生的电流种类不同，分为直流弧焊机和交流弧焊机。

直流弧焊机由焊接发电机和弧焊整流器两部分组成，焊接发电机由交流电动机和直流发电机同轴组装而成，如图 3-109(a) 所示。采用焊接发电机焊接时电弧稳定，能适应各种焊条，但结构复杂、噪声大、成本高。焊接发电机适用于小电流焊接。弧焊整流器是一种将交流电通过整流器转换为直流电的直流弧焊机。弧焊整流器没有旋转部分，结构简单、噪声小、维修容易，使用较普遍。用直流弧焊电源焊接，工件/焊条与电源输出端正、负极的接法见图 3-109（b），可以直流反接，即工件接电源负极，也可以直流正接，即工件接电源正极。

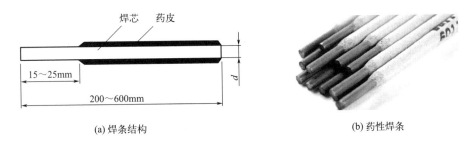

(a) 焊条结构

(b) 药性焊条

图 3-108　焊条

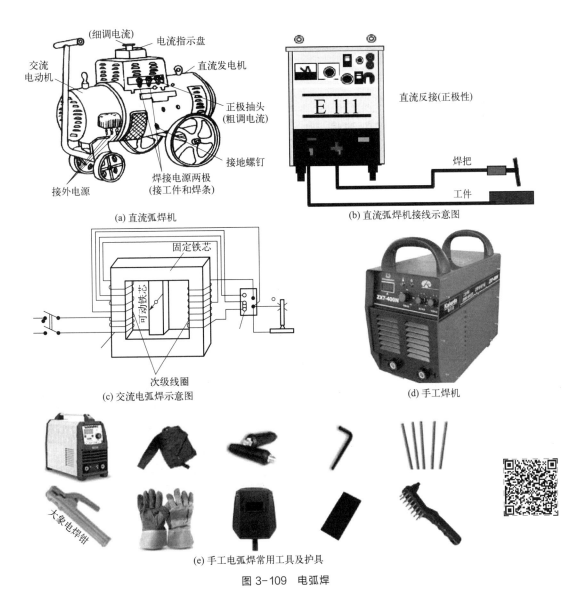

(a) 直流弧焊机

(b) 直流弧焊机接线示意图

(c) 交流电弧焊示意图

(d) 手工焊机

(e) 手工电弧焊常用工具及护具

图 3-109　电弧焊

交流弧焊机是符合焊接要求的降压变压器。工作原理如图 3-109（c）所示，通过改变次级线圈抽头的接法和可动铁芯的位置，对焊接电流进行调节。交流弧焊机结构简单、制造方便、成本低廉、节省电能、使用可靠、维修方便。缺点是电弧不够稳定。交流弧焊机是一种常用的焊条电弧焊设备。

（2）手工电弧焊特点

① 操作灵活。由于焊条电弧焊设备简单、移动方便、电缆长、焊把轻，因此手工电弧焊广泛应用于平焊、立焊、横焊、仰焊等各种空间位置和对接、搭接、角接、T 形接头等各种接头形式的焊接。

② 待焊接头装配要求低。焊接过程由焊工手工控制，可以适时调整电弧位置和运条姿势，修正焊接参数，以保证跟踪接缝和均匀熔透。

③ 可焊金属材料广。手工电弧焊广泛应用于低碳钢、低合金结构钢的焊接。选配相应的焊条，手工电弧焊也常用于不锈钢、耐热钢、低温钢等合金结构钢的焊接。

④ 焊接生产率低。手工电弧焊与其他电弧焊相比，生产率低的原因有其使用的焊接电流小，每焊完一根焊条后必须更换焊条，以及因清渣而停止焊接等。

⑤ 焊接质量受人为因素的影响大。焊缝质量在很大程度上依赖于焊工的操作技能及现场发挥，甚至焊工的精神状态也会影响焊缝质量。

3.3.4　钨极惰性气体保护电弧焊

（1）钨极惰性气体保护电弧焊原理

在惰性气体的保护下，利用钨极（钨或钨合金）与焊件间产生的电弧热熔化母材和填充焊丝，形成焊缝的焊接方法，称为钨极惰性气体保护电弧焊（tungsten inert gas arc welding；TIG 焊）。此处气体必须是惰性气体（Ar/He），因为钨极不允许发生化学反应。原理如图 3-110(a) 所示。

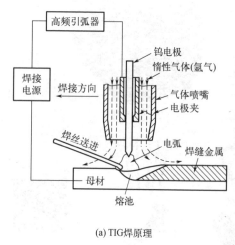

(a) TIG焊原理

(b) 热丝TIG焊

图 3-110　TIG 焊

（2）钨极惰性气体保护电弧焊优点

① 焊接过程稳定。

② 焊接质量好。

③ 焊接过程易于实现自动化。

④ 焊缝区无熔渣。

（3）钨极惰性气体保护电弧焊缺点

① 抗风能力差。

② 对工件清理要求较高。

③ 生产率低。

（4）钨极惰性气体保护电弧焊应用

① 高铁/动车车皮铝合金焊接。

② 管道全位置焊接。

③ 液化天然气运输船（LNG 船）殷瓦焊接（储气仓壁）。

3.3.5 电阻焊

（1）电阻焊原理

电阻焊是将被焊工件压紧于两电极之间，并通以电流，利用电流流经工件接触面及附近区域产生的电阻热将其加热到熔化或塑化状态，形成金属结合的一种方法。物理本质是利用焊接区本身电阻热和大量塑性变形能量使两个分离表面原子之间接近到晶格距离形成金属键，在接触面上产生共同晶粒而得到焊点、焊缝或对接接头。焊点形成过程可分为焊件压紧、通电加热进行焊接、断电（锻压）3 个阶段。电阻焊的温度分布为：中心高，四周低。最高温度处于焊接区中心，超过金属熔点 T_m 的部分形成熔化核心。原理如图 3-111(a) 所示。

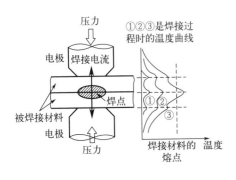

(a) 电阻焊原理图

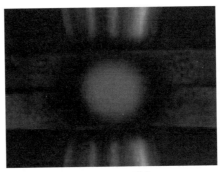

(b) 电阻焊实际影像

图 3-111 电阻焊

（2）电阻焊分类

电阻焊的种类很多，可根据所使用的焊接电流波形特征、接头形式和工艺特点进行分类。交流焊电流频率：低频 3～10Hz；工频 50 或 60Hz；高频 10～500kHz。在应用中往往称其全称，如工频交流点焊、直流冲击波缝焊、电容储能对焊、高频对接缝焊、直流点焊（又称次级整流点焊）等，具体见图 3-112。

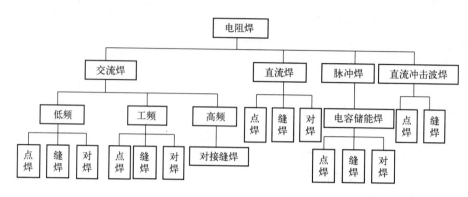

图 3-112　电阻焊的分类

从图 3-112 可以看出，不管是交流、直流或者脉冲电流方式，最后都会落实在点焊、对焊、缝焊三种方式上。因此，从焊接工艺上电阻焊必须关注这三种基本方式，具体见表 3-15。

表 3-15　点焊、缝焊和对焊的原理特点及应用

项目	点焊	缝焊	对焊
原理图			
定义	点焊是将焊件搭接并压紧在两个柱状电极之间，然后接通电流，焊件间接触面的电阻热使该点熔化形成熔核，同时熔核周围的金属也被加热，产生塑性变形，形成一个塑性环，以防止周围气体对熔核的侵入和熔化金属的流失。断电后，在压力下凝固结晶，形成一个组织致密的焊点	缝焊即连续点焊，将焊件装配成搭接或对接接头并置于两滚轮电极之间，滚轮加压焊件并且转动，连续或断续送电，形成一条连续焊缝，按熔核重叠度不同，分为滚点焊和气密缝焊	对焊是利用电阻热将两工件沿整个端面同时焊接起来的一类电阻焊技术，包括电阻对焊、闪光对焊、滚对焊
设备			

项目	点焊	缝焊	对焊
应用	①点焊适用于制造可以采用搭接接头、不要求气密、厚度小于3mm的冲压、轧制的薄板构件。可焊接不锈钢、钛合金和铝镁合金等，目前广泛应用于汽车、飞机等制造业； ②点焊有时也用于连接厚度≥6mm的金属板，但与熔焊的对接相比较，点焊的承载能力低，搭接接头增加了构件的重量和成本，且需要昂贵的特殊焊机，因而是不经济的	①缝焊在汽车、拖拉机、飞机发动机、密封容器等产品的制造中得到广泛应用； ②缝焊广泛应用于家用电器（电冰箱壳体等）、交通运输（汽车、拖拉机油箱等）及航空航天（火箭燃料储箱等）工业中要求密封性的接头制造上； ③有时也用来连接普通钣金件，被焊材料的厚度通常在0.1～2mm之间	①短工件的连接延长，如钢带、型材、线材、钢筋、钢轨、钢管、石油和天然气输送等管道； ②环形工件的对接，如汽车轮辋和自行车、摩托车轮圈的对焊、各种链环的对焊等； ③部件的组对，将简单轧制、锻造、冲压或机加工件对焊成复杂的零件，如汽车方向轴外壳和后桥壳体的对焊，各种连杆、拉杆的对焊，以及特殊零件的对焊等； ④异种金属的对接，如刀具的工作部分（高速钢）与尾部（中碳钢）对焊，内燃机排气阀的头部（耐热钢）与尾部（结构钢）的对焊，铝铜导电接头的对焊等

（3）电阻焊的优点

① 生产率高。快速点焊可达500点/min以上；滚对焊最高焊接速度可达60m/min。

② 接头质量好。不易受有害气体作用，热量集中，热影响区小，变形不大，点、缝焊焊点处于内部，焊件表面质量较好。

③ 焊接成本较低。

④ 劳动条件较好。

⑤ 易于实现机械化、自动化。

（4）电阻焊的缺点

① 质量控制较难，焊接过程很快，工艺调整难，无损检验复杂，在重要的承力结构中应慎重选择。

② 设备较复杂。

③ 焊件的厚度、形状和接头形式受限制。

（5）电阻焊应用情况

适用电阻焊的结构和零件非常多，例如，飞机机身、汽车车身、自行车钢圈、锅炉钢管接头、轮船的锚链、洗衣机和电冰箱的壳体等。电阻焊所适用的材料也非常广泛，不但可以焊接碳素钢、低合金钢，还可以焊接铝、铜等有色金属及其合金。

3.3.6 钎焊

（1）钎焊的概念

采用比母材熔点低的金属材料作钎料，将焊件和钎料加热到高于钎料熔点、但低于母材熔点的温度，利用液态钎料润湿母材，填充接头间隙，并与母材相互扩散而实现连接焊件的方法。原理见图3-113。

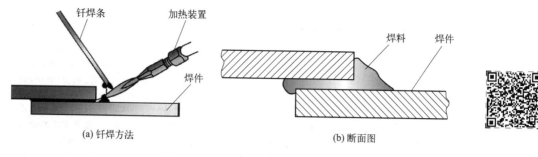

(a) 钎焊方法	(b) 断面图

图 3-113　钎焊原理及断面

钎焊是一种古老的焊接方法，早在青铜时代已经出现了采用钎焊进行连接的物件。据考证，陕西出土的铜车马（如图 3-114 所示）中就有钎焊的应用，钎焊使用在铜车马的两侧窗户上，小型零部件常常用这种焊接技术。铜车上方壶的铜链是用很细的铜丝弯曲组成的双曲链环，非常精美，是用直径只有 0.5～1mm 的环形铜丝对接钎焊成的。焊接点小得根本无法用肉眼看出，只有在显微镜下才可以观察到[32]。

图 3-114　秦代铜车马

（2）钎焊的种类、设备及材料

根据钎料的熔点可分为硬钎焊和软钎焊两种，见表 3-16。某些国家将钎焊温度超过 900℃ 而又不使用钎剂的钎焊方法（如真空钎焊、气体保护钎焊）称作高温钎焊。按反应特点分为毛细钎焊、大间隙钎焊和反应钎焊；按加热方式分为火焰钎焊、烙铁钎焊、电阻钎焊、感应钎焊、浸渍钎焊等。

表 3-16　钎焊的分类

种类	熔点	接头强度	钎料	应用
硬钎焊	高于 450℃	200MPa 以上	铜基、银基和镍基钎料	用于受力较大的钢铁和铜合金构建的焊接以及工具、刀具的焊接
软钎焊	450℃ 以下	不超过 70MPa	锡铅合金	广泛用于焊接受力不大的常温下工作的仪表、导电元件以及钢铁、铜及铜合金等制造的构件

车身维修中的硬钎焊作业多使用的是氧-乙炔焊接设备。软钎焊所用的设备和工具较

简单，主要有烙铁、热源（喷灯或氧乙炔火焰）、长把钳子、锉刀等。

钎料可按下列三种方法进行分类。

按熔点：熔点在450℃以下的称为软钎料，高于450℃的称为硬钎料（难熔钎料），高于950℃的称高温钎料。

按化学成分：不论软硬，根据组成钎料的主要金属元素，相应称为×基钎料，如Ni基钎料等。

按钎焊工艺性能：自钎性钎料、真空钎料、复合钎料。钎料按供货要求可制成带、丝、铸条、非晶态箔材、普通箔材、粉末、环状、膏状、含钎剂芯管材（丝材）、药皮钎料、胶带状钎料等。

钎剂的作用是去除母材和液态钎料表面上的氧化物，保护母材和钎料在加热过程中不被进一步氧化以及改善钎料在母材表面的润湿性能。对钎剂的基本要求：

① 足够溶解或破坏表面氧化膜能力；

② 钎焊温度范围内表面张力小、黏度低、流动性好、密度低；

③ 熔点低于钎料熔点；

④ 成分及作用稳定（稳定温度≥100℃）；

⑤ 产物密度低、易排除；

⑥ 无强烈腐蚀作用、无毒性。

钎剂分为软钎剂与硬钎剂两大类，按特殊用途又可再分为铝用钎剂、粉末状钎剂、液体钎剂、气体钎剂、膏状钎剂、免清洗钎剂等。

（3）钎焊的应用

钎焊技术在复杂结构制造中、在空间系统制造中、在空调压缩机及冷凝器中、在电子电路板的制造中应用非常广泛，见图3-115。

微波波导组件

固态陀螺

微型气象站

压缩机管路

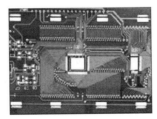
电路板

冷凝器

图3-115 钎焊的应用

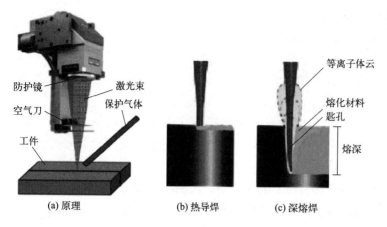

防护镜　激光束
空气刀　保护气体
工件
(a) 原理

(b) 热导焊

等离子体云
熔化材料
匙孔
熔深
(c) 深熔焊

图 3-116　激光焊接

3.3.7　激光焊接技术

激光焊接是以聚焦的激光束作为能源轰击焊件利用所产生的热量进行焊接的一种高效精密的焊接方法（图 3-116）[33]。激光焊接是激光材料加工技术应用的重要方面之一。激光焊接可以采用连续或脉冲激光束加以实现，激光焊接的原理可分为热传导型焊接和激光深熔焊接，功率密度小于 $10^4 \sim 10^5 \, \mathrm{W/cm^2}$ 的为热传导焊接，此时熔深浅、焊接速度慢；功率密度大于 $10^5 \sim 10^7 \, \mathrm{W/cm^2}$ 时，金属表面受热作用下凹成"孔穴"，形成深熔焊，具有焊接速度快、深宽比大的特点。

激光焊接是一种无接触加工方式，对焊接零件没有外力作用。激光能量高度集中，对金属快速加热后快速冷却，对许多零件来讲，热影响可以忽略不计，可认为不产生热变形或者说热变形极小。激光焊接能够焊接高熔点、难熔、难焊的金属，如钛合金、铝合金等。激光焊接过程对环境没有污染，在空气中可以直接焊接，与需在真空室中焊接的电子束焊接方法比较，激光焊接技术简便。激光焊接在电子工业、国防工业、仪表工业、电池工业、医疗仪器以及许多行业中均得到了广泛的应用。

激光焊接的优点：

① 可将输入热量降到最低的需要量，热影响区金相变化范围小，且因热传导导致的变形亦最低；

② 不需使用电极，没有电极污染或受损的顾虑，且因不属于接触式焊接，机具的耗损及变形皆可降至最低；

③ 激光束易于聚焦、对准及被光学仪器导引而改变方向，因此工件与激光源需保持适当的距离，如果工件与激光源之间有障碍，也可以通过光学仪器导引激光转变方向而照射工件；

④ 可焊接小型且间隔相近的部件；

⑤ 可焊材质种类范围大，亦可相互接合各种异质材料；

⑥ 易于以自动化进行高速焊接，亦可以电脑控制；

⑦ 不需真空，亦不需做 X 射线防护；

⑧ 若以穿孔式焊接，焊道深宽比可达 10∶1；

⑨ 可以切换装置将激光束传送至多个工作站。

激光焊接也有局限性：

① 在实际的焊接生产中有时会产生裂纹，产生原因是焊料材质不同，选择的工艺参数不符合加工标准；

② 如果焊接过程中装备的精度不高，那么激光光束照射到工件上的位置会有显著的偏移，这是因为激光聚焦后光斑尺寸小、焊缝窄，假设工件装配精度或光束定位精度达不到要求，很容易造成焊接缺陷；

③ 激光焊接过程中产生外观上的缺陷，如咬边、内凹、下陷、焊缝上下不平等；

④ 焊接时，保护气体和空气的卷入会产生气孔；

⑤ 焊接系统中的激光器及其相关部件的成本较高，能量转换效率较低；

⑥ 设备维修和使用期间存在触电危险，因此应注意生产操作安全，防止电击，造成人身伤亡。

激光焊接典型装备见图 3-117，激光焊接方法分类见图 3-118。

CO_2激光焊机

光纤激光焊机

大功率固体激光(YAG)焊接设备

图 3-117　激光焊接装备

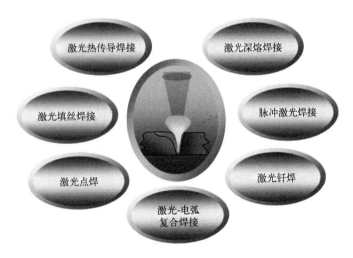

图 3-118　激光焊接方法分类

在汽车工业制造中，使用最多的就是激光焊接技术。由于激光焊接热输入量小、材料变形量小、加工残余量小、零件刚性好，能很好地满足车身结构向减重并提高抗冲击能力的方向发展的要求。激光焊接技术在汽车工业中的应用主要体现在车身焊接、激光拼焊、齿轮及零部件激光焊接、塑料部件焊接。

（1）白车身激光焊接

汽车工业中的在线激光焊接大量用在白车身冲压零件的装配和连接上，主要应用包括车顶盖激光焊、行李箱盖激光钎焊及车架激光焊接。

另一项比较重要的车身激光焊接应用，是车身结构件（包括车门、车身侧围框架及立柱等）的激光焊接，见图 3-119(a)。采用激光焊的原因是可提高车身强度，并可解决一些部位难以实施常规电阻点焊的难题。

（2）不等厚激光拼焊

车身制造采用不等厚激光拼焊板可减轻车身重量、减少零件数量、提高安全可靠性及降低成本 [图 3-119(b)]。

(a) 白车身激光焊接   (b) 板材的拼焊

(c) 精密零件上的应用

图 3-119　激光焊接的应用

（3）齿轮及传动部件焊接

20 世纪 80 年代末，美国克莱斯勒汽车公司购进九台 $6kW$ CO_2 激光器，用于齿轮激光焊接，生产能力提高 40%。90 年代初，美国三大汽车公司投入 40 多台激光器用于传动部件焊接。戴姆勒梅赛德斯奔驰汽车公司经研究利用激光焊接代替电子束焊接，因为前者焊缝热影响区小。美国福特汽车公司用 $4.7kW$ CO_2 激光器焊接车轮钢圈，钢圈厚 $1mm$，焊接速度为 $2.5m/min$。国内很多汽车公司也将激光焊接用于传动部件，见图 3-119(c)。

3.4 增材制造技术

3.4.1 增材制造技术原理

增材制造（additive manufacturing，AM）是 20 世纪 80 年代末期商品化的一种高新制造技术，它将 CAD、CAM、CNC、激光、精密伺服驱动和新材料等先进技术集成一体，基于"离散/堆积"的思想，通过若干个二维固体层面的逐层快速叠加形成所需的任意复杂零件，因此也被称为快速成型（rapid prototyping，RP），学术界也称其为快速原型、快速制造、3D 打印。该技术是依据三维 CAD 设计数据，采用离散材料（液体、粉末、丝、片等）逐层累加原理制造实体零件的数字化制造技术。相对于传统的材料去除（如切削等）技术，增材制造是一种自下而上材料累加的制造工艺，在加工方式上有本质区别，其原理如图 3-120 所示。

增材制造的全过程可以归纳为以下步骤，见图 3-121。

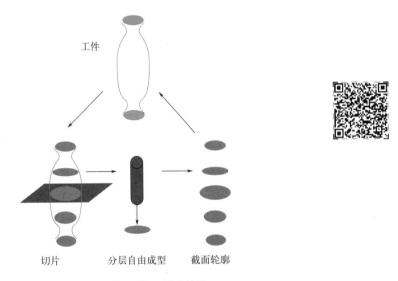

图 3-120 三维-二维-三维的转换

① 前处理：包括工件的三维模型的构造、三维模型的近似处理、模型成型方向的选择和三维模型的切片处理。

② 分层叠加自由成型：这是快速成型的核心，包括模型截面轮廓的制作与截面轮廓的叠合。

③ 后处理：包括工件的剥离、后固化、修补、打磨、抛光和表面强化处理等。

增材制造技术与传统制造方法相比具有较多的优点，如原型的复制性、互换性高；制造工艺与制造原型的几何形状无关；加工周期短、成本低，一般制造费用降低 50%，加工周期缩短 70% 以上；高度技术集成，实现设计、制造一体化。

增材制造技术的核心思想起源于美国。早在 1892 年，美国一项专利提出利用分层

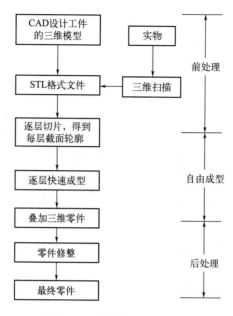

图 3-121　增材制造的全过程

制造法构成立体地形图。随着计算机技术、激光技术和新材料技术的发展，1987、1988、1989、1992、1993 年，美国分别发明了光固化（SLA）、分层实体制造（LOM）、激光选区烧结（SLS）、熔融沉积成型（FDM）以及三维打印（3DP）五种经典增材制造工艺。

增材制造工艺出现后发展十分迅速，在原型制造方法、制造速度和精度、原型材料和性能及应用范围等方面都取得了显著的成果，目前已经有 30 多种成型工艺，在互联网上有许多大学、研究机构和企业介绍了研究和开发 RP 技术的进展。快速成型技术已广泛应用于汽车、航天、家电、医疗等行业，用于有关产品的外观评审、装配实验、动态分析等，加快了产品的开发设计速度和企业的竞争能力。随着快速成型工艺方法的逐渐成熟，快速成型技术的重点已经由当初以工艺和设备的开发研究为主，转向实用零件（模具）的快速制造为主，寻求与快速成型技术相配套的工艺和技术，快速生产具有良好性能和尺寸精度、适应实际工作环境的实用零件或模具已经成为当务之急。

当前，新一轮世界科技革命正在孕育，以增材制造技术为重要代表的新工业革命初见端倪。增材制造技术与传统制造技术融合发展将对未来制造业产生重要影响。欧美发达国家密切关注这一最新动向，加紧战略部署，推动增材制造技术创新及产业化。

3.4.2　增材制造技术分类

自 1986 年第一台快速成型设备诞生以来，增材制造技术及其应用的研究突飞猛进。目前快增材制造技术有 30 余种，其中应用比较成熟和广泛的工艺有 SLA、SLS、3DP、FDM、LOM 等几种工艺。

表 3-17 列出了目前典型的增材制造技术的原理图示、设备照片、技术特点和典型的应用范围，表 3-18 列出了常用增材制造技术的工艺对比。

表3-17 典型的增材制造技术概要

技术名称	技术原理简述	技术原理图示	典型设备	技术特点	应用范围
光固化(stereo lithography apparatus，SLA)技术	SLA快速成型技术是根据某些材料在特定波长的激光照射下具有可固化性的特点，采用紫外(UV)激光为光源，计算机按分层信息精密控制扫描振镜组，精确定位、扫描。在光敏树脂液面，固化形成一个固化层面，顺序逐层扫描固化，直至完成整个零件的成型	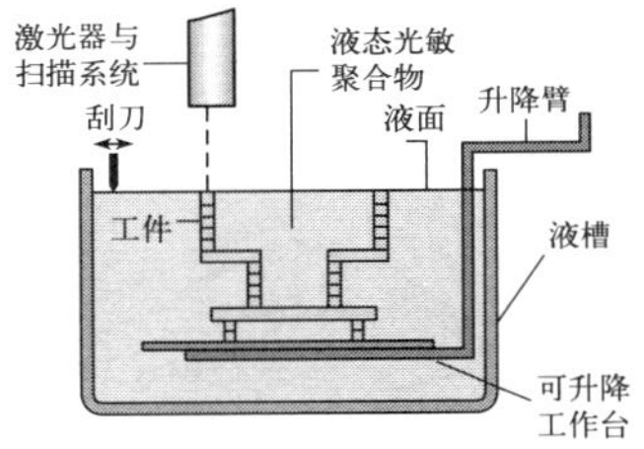		紫外激光光源。由于光聚合反应是基于光的作用，故在工作时只需基于热的较低的激光源。此外，因为没有扩散，能链式反应能够很好控制，能保证聚合反应不发生在激光点之外，因此加工精度的高、表面质量好。原材料的利用率接近100%。成型材料：液态光敏树脂	中小型类似塑料的零件。可以制造形状复杂、精细的零件。对于尺寸较大的零件，则可采用先分块成型然后黏结的方法进行制作
激光选区烧结(selective laser sintering，SLS)技术	激光选区烧结与立体印刷类似，首先还是由生产过程相似，首先还是由CAD/CAM系统根据CAD模型各层切片层面几何信息生成x-y激光束在各层粉末上的数控运动指令。制作的分步下降，工作台的分步下降，将粉末一层一层地撒在工作台上，再用铺粉辊将粉末滚平、压实，每层粉末的厚度均对应于CAD模型的切片厚度。各层上经激光扫描加热的粉末被烧结到基体上，而未热的激光扫描的粉末仍留在原处起支撑作用，直至烧结出整个零件	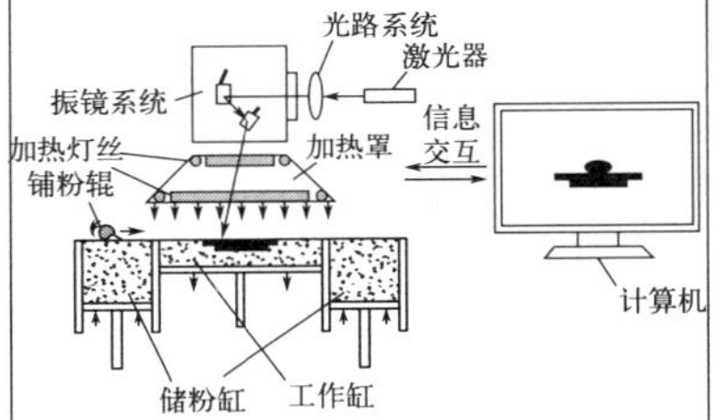		一般采用CO_2激光源。成型材料：各类低熔点的粉末材料（蜡粉、塑料粉等）。SLS烧结材料的选择范围很广，比如金属、陶瓷、高分子、覆膜砂等，事实上这几种材料都已经用于实际零件的烧结。这种特性是其他工艺所不及的，也使SLS工艺成为几种主流的快速成型工艺中最灵活的方法	复杂零件。可以针对不同的应用要求，选择不同场合相应的成型材料和成型工艺。能够做成薄壁、壳体和结构件等不同形状的原型，适应于轻工、汽车、航空航天、医疗卫生和模具制造等多种行业的产品开发和样件制造

技术名称	技术原理简述	技术原理图示	典型设备	技术特点	应用范围
分层实体制造（laminated object manufacturing，LOM）技术	LOM 的主要特点是根据 CAD 模型各层切片的平面几何信息对箔材（通常为纸）进行分层实体切割。由供料轴和收料器发出的 CO_2 激光束沿着进行 x-y 切割运动，将箔材切割成一层的轮廓。箔材切割片的平面轨迹运动。随后升降台下降一层高度，箔材供料轴和收料轴又传送新的一层箔材，铺在已成型的箔材上并用热压辊碾压使其牢固地黏在已成型的箔材上，激光束再次进行切割运动切割出第二层平面轮廓，如此重复直至整个三维零件制作完成	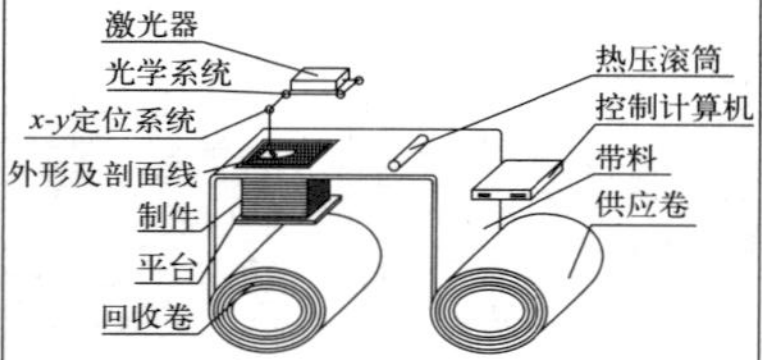 激光器 光学系统 x-y定位系统 外形及剖面线 制件 平台 回收卷 热压滚筒 控制计算机 箔料 供应卷	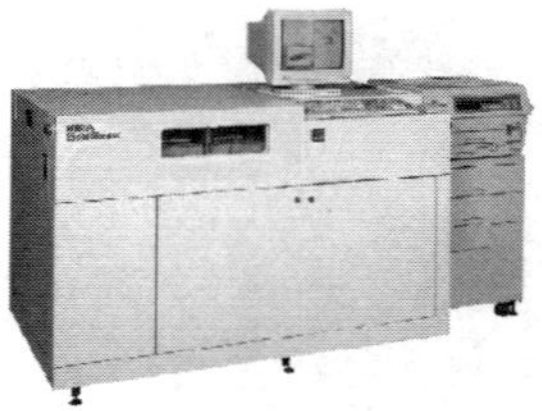	CO_2 激光源，功率较大。成型材料、金属箔材或纸上切割胶的特制纸。金属箔材或者纸 LOM 工艺只须在零件截面的轮廓，而不用扫描整个截面。因此成型厚壁零件的速度较快。易于制造大型零件。工件外框与截面轮廓之间的多条材料在加工中起到了支撑作用，所以 LOM 工艺无需加支撑	中大型零件、部分可以代替木材、塑料制件的中大型零件。用金属箔材制作的 LOM 原型，可以直接用于功能件
熔融沉积成型（fused deposition modeling）	FDM 系统采用喷头，成型材料以丝状供料，成型材料在喷头内被加热熔化。喷头沿计算机控制零件截面轮廓和填充轨迹运动，同时将熔化的材料挤出沉积，实体零件的一超薄层，材料迅速凝固，并与周围的材料凝结，整个模型从基座开始，由下而上逐层堆积生成	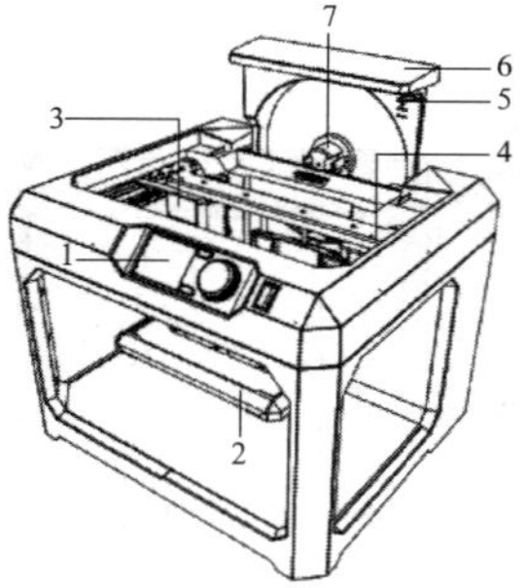 MakerBot Replicator设备 1—控制面板；2—打印托盘；3—喷头组件；4—机架；5—导料管；6—耗材抽屉；7—耗材心轴	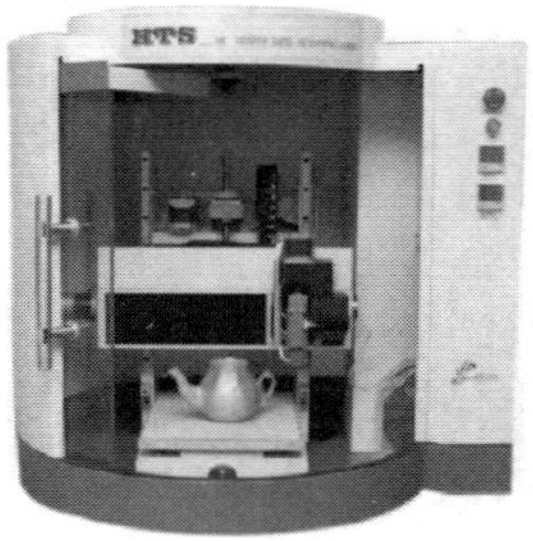	FDM 不用激光器，而是由熔融喷头加热熔融的材料。因为不用激光器件，因此使用、维护简单，成本较低，无毒无味，可以直接用石蜡成型的零件原型，可以直接用于熔模铸造。成型材料有热塑性塑料、蜡、尼龙等，原材料利用率较高	用蜡成型的零件原型，可直接用于失蜡铸造，用于尺寸较小的零件。用 ABS 制造的原型因具有较高强度而在产品设计、测试与评估等方面得到广泛应用

技术名称	技术原理简述	技术原理图示	典型设备	技术特点	应用范围
三维打印(3DP)	材料被放置在快速成型的起始位置。零件是由粉末和胶水结合成的。在工作缸的里面一层是一个平整的金属盘。上面一层微细的粉末由铺粉辊铺开，然后在制作过程中由打印头喷出后黏结剂进行黏结。送粉活塞是向上移动，而加工平台向下移动。每次铺粉时送粉缸向上移动，加工平台就向下移动相应的距离	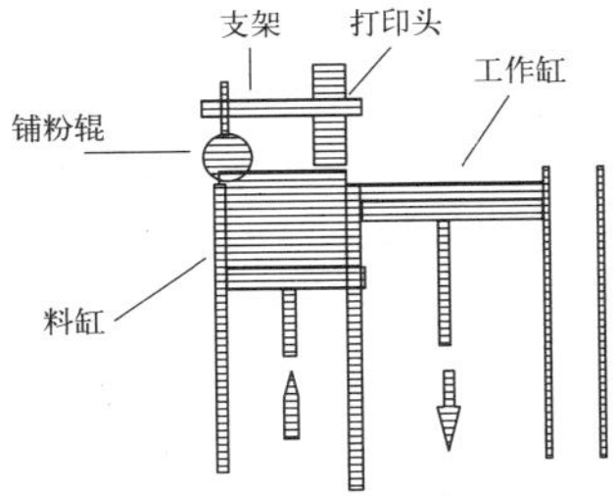		其主要的优势在于：成型速度最快，是其他成型工艺速度的5～10倍，成型尺寸相同的设备投资及运行成本最低；原材料利用率将近100%；适用于制作任意形状及结构的零件，不需要支撑材料；运行成本低，成型材料有多种不同特性材料可选，有高强度的、有高韧性的材料可选，可根据客户需要更换；可操作性强，实现加工过程智能化操作，全过程无人看护，工作不需加支撑过程，后处理简单、容易	实体模型可采用石膏或淀粉基材料制作，也可通过渗透处理以制作多功能材料部件，用于材料性能测试等。采用铸造原粉可以制得直接用于浇铸熔融金属的铸型
直接无模加工砂型(DMM)技术	工艺步骤：建模生成浇注系统，模拟铸造工艺过程并评定优化；根据铸件性能要求，混制一定比例的型砂、制成砂坯；根据加工型腔的形状、编制程序代码，输入到砂型数控机床，铸型和型芯的加工；清理及检测铸型、下芯、铸型装配、浇注，形成铸件		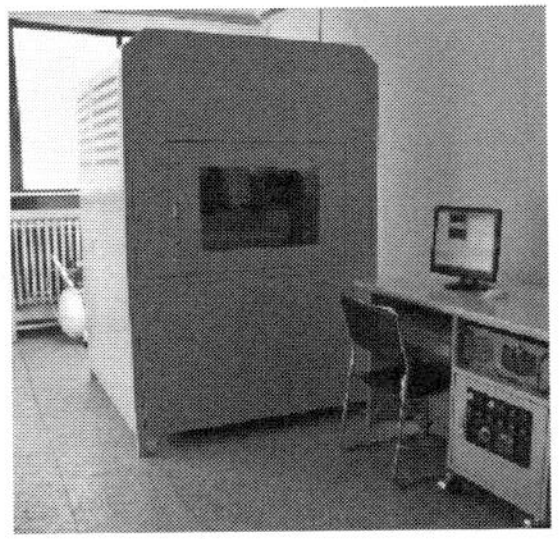	将铸造技术与切削加工技术有机结合起来，是一种全新的数控铸型生产方法。采用数控铸型切削加工技术，直接加工复杂大型铸型，既省去了模具制造环节，又提高了模具的加工精度，降低，刚性提高、重量减轻，复杂的大中型铸型铸造用消耗少的材料，且该方法具有节约材料、降低能源消耗的绿色优点	采用铸造砂作为粉体材料，树脂液体结合剂为打印喷出液体，可以直接打印树脂砂型。它无须模具，能够快速、柔韧性、准确地制造内腔及表面均为复杂铸型、模具，特别适合件、小批量、形状复杂的大中型铸型铸造及新产品模具的制造及新产品开发

表 3-18 常用的增材制造技术的工艺对比

项目	SLA	LOM	SLS	FDM	3DP	PCM
成型速度	较快	快	较慢	较慢	快	较快
成型精度	较高	较高	较低	较低	较高	高
零件展示						
制造成本	较高	低	较低	较低	较低	较低
复杂程度	中等	简单或中等	复杂	中等	复杂	复杂
零件大小	中小件	中大件	中小件	中小件	中小件	中小件
适用材料	热固性光敏树脂等	纸、金属箔、塑料薄膜等	石蜡、塑料、金属、陶瓷等粉末	石蜡、尼龙、ABS树脂、低熔点金属等	石膏粉、陶瓷粉等粉末	树脂砂

3.4.3　增材制造技术的典型应用

增材制造采用数字技术材料打印机来实现，所以也曾被形象地称为3D打印。其可以快速地实现零件的制造成型，在单件小批量零件、按照人们的喜好需求进行定制化服务制造、新产品开发等领域具有很好的应用前景。该技术在珠宝、鞋类、工业设计、建筑、工程和施工、汽车、航空航天、医疗产业、教育、地理信息系统、土木工程、枪支以及其他领域都有应用，具体见图3-122～图3-124。

金属和陶瓷零件

食物　　　　　　　　　　　　假肢

图 3-122　增材制造（3D打印）物品

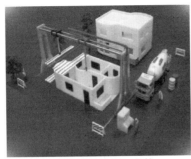
3D打印20小时造一栋楼

3D打印枪试射成功

世界第一双3D打印足球鞋

青铜艺术品

图 3-123　增材制造（3D 打印）新用途

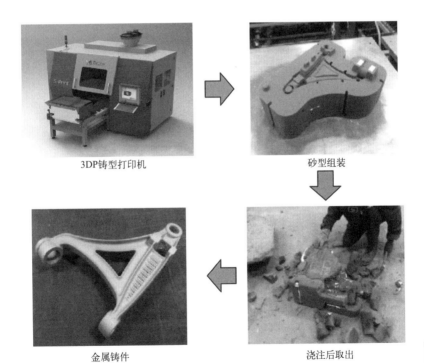
3DP铸型打印机　　　　　砂型组装

金属铸件　　　　　　　浇注后取出

图 3-124　增材制造（3D 打印）铸造过程

4

切削加工技术

在人类历史的长河中，发生了几次决定人类命运的大革命。在大约 200 万年前至 50 万年前，人类学会了使用最简单的机械——石斧、石刀之类的天然工具，应该说简单机械第一次使人类自身力量得到延伸，劳动造就了人。大约 50 万年至 10 万年前（无法得到准确年代），人类发现并使用了火，这不仅使人类食用熟食而更加健壮，而且火的利用使得能源的革命成为历史的必然。

人类在与野兽争取生存权的过程中克服自身的不足而学会使用工具；在适应和改造自然的过程中，不断学习将简单工具逐渐转变为复杂工具，进而产生各种机构、机器。人类的手不够长，但可以应用弓箭远程狩猎，可以用梯子爬高上树；轮子的发明使得人类走得更快；火的利用使得蒸汽机得以发明，人类的力量得以更大地扩展……人类由此逐渐走向光明。

4.1 世界机械发展历程

根据人类文明的发展进程，世界机械的发展史可分为三个阶段[34]：从公元前 7000 年城市文明的出现到公元十七世纪末为机械的起源和古机械发展阶段；从十八世纪到二十世纪初为近代机械发展阶段；由二十世纪初到现在为现代机械发展阶段。

4.1.1 机械的起源和古机械发展阶段

古代机械的发展与人类文明的发展几乎是同步的。新石器时代和青铜时代的古人们就已经学会了使用简单工具，考古发现最早的车轮不是用来行走的，而是用来制陶的。当人类进入青铜时代，机械得到很大的发展，也开始变得更加实用。当今世界七大奇迹之一——古埃及金字塔，便是进入青铜时代的埃及巴达里人利用发明的搬运重物工具慢慢建立起来的。公元前 3500 年，古巴比伦的苏美尔诞生了带轮的车，即在撬板下面装上轮子。公元前 3000 年，美索不达米亚人和埃及人开始普及青铜器，青铜农具及用来修造金字塔的青铜工具在此时已广泛使用。公元前 2500 年，欧亚之间的地区就曾使用两轮和四轮的木质马车。古埃及墓葬中曾发现公元前 1500 年前后的第十八王朝使用的两轮战车[35]（图 4-1），战车使得古埃及战力大增。

(a) 复原的古埃及战车

(b) 古埃及马拉战车

图 4-1 古埃及战车

公元前 600 年，古希腊学者希罗著书阐明关于五种简单机械即杠杆、尖劈、滑轮、轮与轴、螺纹推动重物的理论（图 4-2），这是已知的最早的机械理论书籍，机械的设计从而开始有了理论的指导，机械的多样性、实用性和合理性得到了进一步的发展[36]。公元前 513 年，希腊罗马地区木工工具有了很大改进，除木工常用的成套工具如斧、弓形锯、弓形钻、铲和凿外，还发展了球形钻、能拔铁钉的羊角锤、伐木用的双人锯等。此时，长轴车床和脚踏车床已开始广泛使用，用来制造家具和车轮辐条。脚踏车床一直沿用到中世纪，为近代车床的发展奠定了基础。

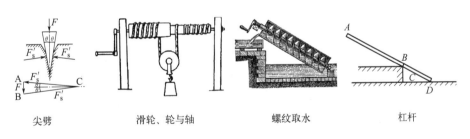

尖劈   滑轮、轮与轴   螺纹取水   杠杆

图 4-2 古代五种简单机械

随后，人们的机械发展就开始了，制粉机和水车、罗马型水车、机械钟、车床、印刷术接踵而至。随着人类对不同材料的成功开采与使用以及如阿基米德原理、静止液体中压力传递的基本定律等理论的产生，机械开始由简单走向复杂化。

十七世纪初期，英国的牛顿提出对流换热的牛顿冷却定律；纽科门发明大气式蒸汽机，被称为纽科门蒸汽机，取代了萨弗里的蒸汽机，功率可达六马力（1 马力＝0.735kW）；法国的卡米提出齿轮啮合基本定律；瑞士的伯努利建立无黏性流体的能量方程——伯努利方程；欧拉建立黏性流体的运动方程——欧拉方程；英国的哈格里夫斯发明竖式、多锭、手工操作的珍妮纺纱机等。众多理论和发明，催生了欧洲的第一次工业革命。

4.1.2 近代机械发展阶段

（1）第一次工业革命

工业革命，是一场以机器取代人力，以大规模工厂化取代个体手工生产的科技革命，同时又是资本主义由手工作坊向机器大工业过渡的阶段。工业革命结束了人类依靠人力和畜力进行生产、生活的历史，其影响涉及人类社会的各个方面，把人类推向了崭新的蒸汽时代！其间产生了许多令人瞩目的科技成果。

第一次工业革命的时间是 18—19 世纪，距今已有两百多年。第一次工业革命由英国率先发起，然后将范围逐渐辐射到整个欧洲，引领了技术发展，开创了工业新时代。英国借助第一次工业革命的成果迅速走上了经济发展的道路，经济呈现飞速增长，一度成为欧洲经济乃至世界经济的掌舵手。

1698 年，英国的萨弗里制成第一台实用的用于矿井抽水的蒸汽机——"矿工之友"蒸汽机 [图 4-3（a）]，开创了机械的原动力创新的先河。1769 年，被誉为现代蒸汽机之父的瓦特取得带有独立的实用凝汽器专利。从 1765 到 1790 的 25 年里，他进行了一系列发明，使蒸汽机的效率提高到原来纽科门蒸汽机的 3 倍多，最终发明了现代意义上的蒸汽机 [图 4-3（b）][37]。史蒂芬逊将瓦特发明的蒸汽机用于交通运输，在 1814 年制造出了一台能够实用的蒸汽机车，能牵引 30 吨，解决了火车经常脱轨的问题。1825 年世界上第一台客货运蒸汽机车"旅行号"终于诞生了，"旅行号"的试车成功开辟了陆上运输的新纪元。1829 年，史蒂芬逊又研制成功了"火箭号"蒸汽机车 [图 4-3（c）]，最高速度 46 千米每小时，从此火车正式被用于交通运输事业。

(a) "矿工之友"蒸汽机　　　(b) 瓦特改良的蒸汽机　　　(c) "火箭号"蒸汽机车

图 4-3　蒸汽机的应用

1774 年，英国的威尔金森发明较精密的炮筒镗床 [图 4-4（a）]，这是第一台真正的机床——加工机器的机器。莫兹利被称为现代机床之父，他于 1797 年制成第一台螺纹切削车床 [图 4-4（b）]，它带有丝杆和光杆，采用滑动刀架——莫氏刀架和导轨，可车削不同螺距的螺纹。此后，莫兹利又不断地对车床加以改进。他在 1800 年制造的车床 [图 4-4（c）]，用坚实的铸铁床身代替了三角铁棒机架，用惰轮配合交换齿轮对，代替了更换不同螺距的丝杠来车削不同螺距的螺纹。图 4-4（d）所示的是现代车床的原型，对第一次工业革命具有重要意义。

(a) 炮筒镗床

(b) 莫兹利1797年车床

(c) 莫兹利1800年制造的车床

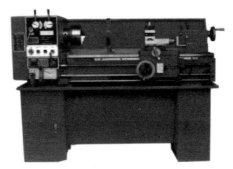
(d) 现代车床的原型

图 4-4　早期车床

1799 年，法国的蒙日发表《画法几何学》一书，这本书成为机械制图的投影理论基础。在接下来的一个世纪左右，材料力学、弹性力学、流体力学、机械力学、疲劳力学、疲劳强度理论、应力分析方法等理论与方法相继提出，并得到了实验验证和理论完善。

（2）第二次工业革命

1870 年以后，科学技术的发展突飞猛进，各种新技术、新发明层出不穷，并被迅速应用于工业生产，大大促进了经济的发展。这就是第二次工业革命。当时，科学技术的突出发展主要表现在三个方面，即电力的广泛应用、内燃机和新交通工具的创制、新通信手段的发明。

1832 年，皮克西（Hippolyte Pixii）公开了第一台永久磁铁型发电机［图 4-5（a）］。随后比利时的格拉姆（Zénobe Théophle Gramme）制造出第一台实用的发电机。

1834 年，德国的雅各比（Moritz von Jacobi）发明了世界上第一台真正意义上的电动机［图 4-5（c）］，比之前的都要先进。

1870 年，格拉姆公布的发电机采用了环状电枢［图 4-5（b）］，内部是软铁线线圈，周围缠绕着绝缘铜线，这种线圈不怕过热，可以连续运转提供连续电流。这种发电机由蒸汽机驱动，被广泛应用到航标灯、工厂照明等领域。

不管是蒸汽机还是汽轮机，都需要经过燃煤产生蒸汽，通过管道输送蒸汽这一过程。1680 年，惠更斯提出将燃料直接放在汽缸内进行燃烧，比蒸汽机的方法更加简单。

1838 年，英国的巴尼特（William Barnett）制造出一台具有点火装置的内燃机［图 4-6（a）］，这种点火装置能够准确无误地点火，在之后的 50 年内一直沿用。

(a) 第一台永久磁铁型发电机　　(b) 第一台实用发电机及其环状电枢　　(c) 第一台实用电动机

图 4-5　早期发电机和电动机

1876 年，德国人奥托制造出第一台以煤气为燃料的四冲程内燃机，成为颇受欢迎的小型动力机。

1883 年，德国工程师戴姆勒发明出以汽油为燃料的内燃机，具有马力大、重量轻、体积小、效率高等特点，可作为交通工具的发动机。

1885 年，德国机械工程师卡尔·本茨制成第一辆汽车［图 4-6(b)］，卡尔·本茨因此被称为"汽车之父"。这种起动方便的汽车有三个轮子，转速约二百五十次每分钟，速度约 15 千米每小时，带有一个用水冷却的单缸发动机，功率为 3/4 马力，用电点燃。

同年，德国人戈特利布·戴姆勒发明了第一辆四轮内燃机式车"戴姆勒一号"［图 4-6(c)］。风靡全球的"戴姆勒·本茨"汽车就此诞生！

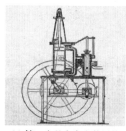  

(a) 第一台具有点火装置的　　(b) 第一台三轮汽车"本茨一号"　　(c) 第一台四轮汽车"戴姆勒一号"
　　内燃机

图 4-6　早期内燃机及早期汽车

在近代历史中，两次工业革命给世界带来了巨大变化，首先是生产技术发生飞跃，手工生产被机器生产取代，人类创造物质财富的能力大大增强。其次是社会关系发生了变革，新兴的工业资产阶级成为社会的主宰，社会贫富分化加剧，工人阶级不满足自己低下的经济和政治地位而奋起抗争，推动了民主化进程和社会分配方式的变化，资产阶级和无产阶级成为两大直接对立的阶级，社会矛盾尖锐，社会主义运动兴起。工业革命也导致国际格局发生了变化，亚洲迅速衰落，非洲日益贫困，拉丁美洲发展停滞，英国、法国、德国等国家迅速崛起，俄国、奥匈帝国和西班牙则逐渐衰落。工业革命还导致人们的生存环境迅速恶化，煤炭大量使用污染了空气、水、土地等人类生存的要素，大大恶化了人类的生存环境，威胁了民众的健康。工业革命推动了科学技术的进步、教育发展和普及，第二次工业革命期间，发达国家的一般民众大都接受了较为完整的基础教育，国民素质进一步提高。表 4-1 简要描述了两次工业革命给全球社会带来的影响。

表 4-1 两次工业革命给全球社会带来的影响

名称	第一次工业革命	第二次工业革命
时间	18 世纪 60 年代—19 世纪上半期(1765—1840 年)	19 世纪 70 年代—19 世纪末 20 世纪初
政治前提	17 世纪英国较早进入了资本主义社会	资本主义制度在世界范围内确立
开始标志	珍妮纺纱机的发明和使用	电力的广泛应用
使用能源	煤	电力、石油
使用技术	工厂手工业积累了丰富的技术	自然科学的突破性进展
主要发明成果（成就）	①哈格里夫斯发明珍妮纺纱机 ②瓦特(英)改良蒸汽机 ③富尔顿(美)发明汽船 ④史蒂芬逊(英)发明火车	①爱迪生(美)发明电灯 ②卡尔·本茨(德)发明汽车 ③莱特兄弟(美)发明飞机 ④贝尔(美)发明电话
领先国家	英国	美国、德国
新兴部门	从轻工业(棉纺织业)开始	从重工业变革(电力)开始
交通工具	汽船、火车	汽车、飞机
时代特征	蒸汽时代	电气时代
发明者身份	熟练的工匠、技师	科学家、工程师
特点	许多发明都源于工匠的实践经验,科学与技术尚未真正融合;首先发生在英国,其他国家的发展进程相对缓慢;主要在轻工业	以电力为核心的科技革命;自然科学的新发展开始同工业生产紧密结合起来;几乎同时发生在几个先进的资本主义国家,规模更大,发展也比较迅速
给社会带来的根本变化	使欧洲主要的资本主义制度最终确立,从根本巩固了资产阶级政权	各主要资本主义国家先后进入帝国主义阶段
影响(发明)	改良蒸汽机普遍应用,促进社会生产飞跃发展,实现了生产方式的机械化	汽车和飞机的发明与使用促进了交通运输事业的更大发展,极大地提高了生产力,引起社会生活深刻变化,实现了生产方式电气化
启迪	科学技术是第一生产力;科学技术推动社会的进步;创新是一个民族生存、发展的灵魂;我国应坚持科教兴国战略,走中国特色自主创新道路;我们要学习科学家与发明家勇于创新,努力探求科学奥秘的精神品质	

4.1.3 现代机械发展阶段

像鸟儿一样在天空飞翔，自古以来就是人类的梦想。为了它的实现，许多先驱者付出了多年坚持不懈的努力，甚至生命的代价。终于在 1903 年 12 月 17 日，世界上第一架载人动力飞机在美国北卡罗来纳州的基蒂霍克飞上了蓝天［图 4-7(a)］。莱特兄弟的第一次有动力的持续飞行，实现了人类渴望已久的梦想，人类的飞行时代从此拉开了帷幕。同时，这也是机械发展史上的伟大成就。

二十世纪初期，人们更加注重生产效率的提高及大批量生产的实现。泰勒改进了塞兹发明的车床，发明了高速钢，极大地提高了金属的切削速度；随后又发明了一种计算尺，使得一个技术熟练的一流机械技师凭十几年的经验完成的生产量，一下子提高了两倍。为了实现大批量生产，各种新的互换式机床也应运而生。在制造机床的同时，为了保证机床的精确度，千分尺等一大批测量器具和螺纹被设计并制造出来。两次世界大战成为一系列新技术发展的催化剂。战争期间，发明不久的飞机受到一些国家的重视，很快进入实用阶段。

军用飞机在战场上成为一支新军。飞机的数量、种类也不断增加，飞机的性能也得到了提升。在两次世界大战中，用于空战的歼击机、用于突击地面目标的轰炸机和用于支援部队作战的强击机，以及用于侦察的飞机都出现了。

在第二次世界大战中，仅在欧洲战场上，P-51"野马"战斗机［图 4-7（b）］就出动 13873 架次，投弹 5668 吨，击落敌机 4950 架，击毁地面敌机 4131 架，被称为"歼击机之王"。

(a) 第一架载人动力飞机"飞行者-1号" (b) P-51"野马"战斗机

图 4-7 飞机

1946 年 2 月 14 日，由美国军方定制的世界上第一台电子计算机"电子数字积分计算机"（图 4-8）在美国宾夕法尼亚大学问世。

1967 年，美国的福克斯首次提出机构最优化概念，英国莫林斯公司根据威廉森提出的柔性制造系统的基本概念研制出"系统 24"。

1976 年，日本发那科公司首次展出由四台加工中心和一台工业机器人组成的柔性制造单元。而这一时期，最重要的发明无疑是电脑，电脑的出现并运用到生产中，使机械的生产效率、精确度提高到一个前所未有的高度。著名计算机科学家费里德里克·布鲁克说："人类文明迄今，除计算机技术外，没有任何一门技术的性能价格比能在 30 年内增长 6 个数量级。"图 4-9 是早期的个人电脑，对机械设计、制造和控制起着不可替代的作用。

人类自从用机械代替简单的工具后，手和足的"延长"在更大程度上得到发展。但是人还以头脑为其独有的特征，为了使头脑的功能得以延伸，产生了控制理论、计算机科学、人工智能科学和信息科学。现在的机械，已经远远不是马克思时代定义的"原动机＋传动机＋工作机"，而是已经会"自行思考"。随着各种技术的发展，未来的机械将会更加智能化。机械的发展方向，将是计算机控制下的机械，譬如数控机床、机器人等。计算机不仅仅是用来计算的机械，而且起着头脑的作用，不论是什么机械，都将发展成为一个机器人。

图 4-8　世界上第一台电子计算机

图 4-9　早期的个人电脑

4.2　中国机械发展历程

中国是世界上机械发展最早的国家之一。中国的机械工程技术不但历史悠久，而且成就十分辉煌，对中国的物质文化和社会经济的发展起到了重要的促进作用，还对世界技术文明的进步作出了重大贡献。但是由于种种原因，中国的机械工程技术史的研究还相对比较薄弱，发展也不平衡。中国机械发展史可分为远古机械时期、古代机械时期、近代机械时期和现代机械时期[38]。

4.2.1　远古机械时期

远古机械时期是中国机械发展的第一个时期，也称为简单机械时期。石器的使用标志着这一时期的开始。这是一个漫长的时期，经历了两个发展阶段。

（1）粗制工具阶段

这一阶段的工具主要用石料和木料制作，以打制石器［图 4-10（a）］为主，同时也有一些骨制工具。这一时期的工具都比较粗糙，主要以砍砸器、刮削器、尖状器、石球、石矛和木棒等为主，大约在十万年前出现了抛石器。

弓箭的出现表明这时的机械技术已经达到了一定的水平。图 4-10（b）所示是山西朔州的峙峪古遗址中发现的石质箭头，所处的年代至今 28000 年。总体上看，这一时期的机械简单粗糙，生产力水平很低。

（2）精制工具阶段

精制工具阶段相当于新石器时期，这一时期的古人已经能够利用热胀冷缩的原理开采石料、制作工具、获得矿石，兽骨、贝壳等也开始使用。石器以磨制为主，在这一时期的后期开始制作陶器。工具的类别也增多，主要有原始耕田工具、刀具、纺轮、滚子、网坠、转轮等，其中制陶转轮已经有了切削加工的雏形。

这一时期的人们已经可以用天然有机物制作装饰，譬如骨头吊坠、天然矿物颜料、天然漆等。我国目前出土的最早的弓是浙江跨湖桥遗址出土的一把漆弓（图 4-11），弓残长 121 厘米，弓身采用桑木边材制作，表面涂有生漆。标本被送到北京大学等 5 个不同的权威机构分别进行碳-14 和热释光年代数据的科学测定，测得结果是距今 8000 年前的新石器时期[39]。

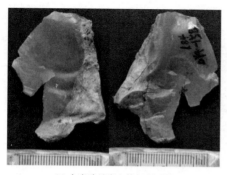
(a) 大窑遗址出土的打制石器

(b) 峙峪古遗址出土的石镞

图 4-10　打制石器

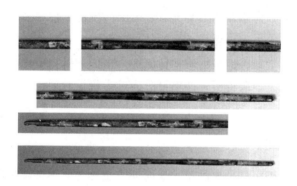

图 4-11　浙江跨湖桥遗址出土的漆弓

精制工具时代体现了工具的较为精制的加工，结构更加合理，表面更加光洁甚至有油漆装饰，人们已经能够利用简单的杠杆、尖劈、惯性、弹性原理来使用工具，使得社会生产力得到了提高，这就为较为复杂的古代机械的出现创造了条件。

4.2.2　古代机械时期

这一阶段从新石器时代末期到 19 世纪 40 年代，历经中国历史的奴隶社会和封建社会前中期。

这一阶段的前期，已经开始使用畜力和风力作为原动力，轮子的利用使得机械的发展获得更大动力，农业机械的种类更多，出现了桔槔、辘轳等复合机械工具。图 4-12 为商代古车，车舆为长方形，有 18 根轮辐，构件之间均为榫卯连接。

商代青铜工具和器械开始得到较广泛的应用，到西周时期，青铜冶铸技术达到了高潮。青铜器的出现标志着一种新的机械技术和制造工艺的诞生。青铜冶铸工艺在这一阶段经历了由低级到高级逐渐成熟的过程。商中期已广泛使用分铸法等先进工艺。这一阶段后期，陶范熔铸技术得到了进一步的发展[38]。

春秋时期，我国机械的发展进入了一个新的时期。这一时期铁器开始得到使用，使古代机械在材料方面取得了重大突破。

图 4-13 为龙骨水车，龙骨水车约始于东汉，三国时发明家马钧曾予以改进，此后一直在农业上发挥巨大的作用。龙骨水车亦称"翻车""踏车""水车"，是我国古代最著名的水利灌溉机械之一。因为其关键结构形状像龙骨，所以称为龙骨水车。直到 20 世纪 70 年代，龙骨水车还是我国农田抽水的主要机械。

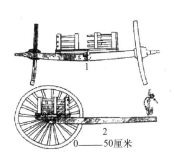

图 4-12　商代古车的结构

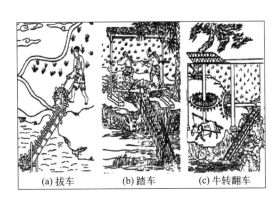

(a) 拔车　　　(b) 踏车　　　(c) 牛转翻车

图 4-13　龙骨水车

在运输工具方面，人力和水力并用，在技术上有进一步发展。春秋时期各诸侯国乘船作战已很频繁，战舰的种类及形制已相当齐备。当时比较大的战船为"大翼"，长 12 丈（约合 24 米），宽 1 丈 6 尺（约合 3.2 米），可容战士 20 余人，桨手 50 人。图 4-14(a) 所示的是春秋时期大翼战船模型，从图中可以看出，战船是桨船，分上下两层，上层为战士，下层为桨手。

汉朝水军的规模更加巨大，战船更趋完备。当时既有 4 层舱室的巨型楼船，也有 200 斛（20 吨）以下的艇。在汉魏时期不仅船型众多，船舶装具也相当齐备，出现了橹、舵及其他船具，帆亦迅速发展。艨艟战舰 [图 4-14(b)] 是典型的汉代战船。东汉建安十三年，在著名的赤壁之战中，双方使用的船舶数以千计，足以说明当时水战的规模巨大。唐代出现了海鹘战船，如图 4-14(c) 所示。唐代海鹘战船是性能优良的中国古代船型，其特点是"虽风浪涨天无有倾侧"，因而许多专家学者称它为全天候战船，是水师中著名战斗舰之一。

到宋、元时期，中国古代机械出现新的发展高潮。尤其在天文仪器方面出现了水运仪象台、莲花漏、简仪等重要发明。这些天文仪器运用了复杂的齿轮传动系统，发明了先进的擒纵装置，熟练运用了滚轮支撑等机械技术。火药在宋代已经用于实战，出现了火炮和多种火器。活塞木风箱、水轮大纺车都是这一时期重大发明。水排、水碓、指南车、浑天仪、地动仪等机械的出现反映了这一时期的机械在结构原理方面已经达到了相当高的水平[46]。

明代时期，国力和科技曾经处于一个较高的水平，所以明朝水师能建造出众多型号的战船。当时明朝水师主力是高大如楼、底平深大的福船，也有海沧战船 [图 4-14(d)]，该船配备的武器比较齐全：无敌神飞炮 3 门、大佛郎机铳 36 门、百子铳 4 个、鸟铳 10 个、喷筒 10 个、神机箭 200 支、长竹枪 10 支、钩镰刀 2 把、撩钩 2 把、小铁镖 500、藤牌 10

面、腰刀 10 把、角弓六张并弦 12 条、羽箭 180 支、铁蒺藜 500 个；大炮用粗火药 234 斤，火铳用火药 104 斤，大小铁、铅弹丸 610 斤等。按照当时的科技水平，能造出这种战船，实属不易。但是明代后期以后，封建集权统治加强，闭关锁国政策封闭了国门，既阻碍了科技的发展，也扼杀了资本主义萌芽。所以，从明代到 19 世纪 40 年代的几百年间，除少数传统工艺和设备依然保持着较高水平以外，机械方面很少有重大价值的发明创造。尽管如此，宋应星的《天工开物》作为一本明代以前的百科大全著作，在科技史上具有重要地位。同一时期，西方出现了资本主义，科技飞速发展，欧洲各国先后出现了产业革命和技术革命，在 15—16 世纪，西方机械科学技术水平已明显超过中国。

(a) 春秋时期大翼战船

(b) 汉代艨艟战舰

(c) 唐代海鹘战船

(d) 明代海沧战船

图 4-14　古代战船模型

4.2.3　近代机械时期

鸦片战争后，中国从封建社会开始沦为半殖民地半封建社会。这个时期诞生的机械工业，具有半殖民地半封建的特点：中国最早使用动力的机械厂是外商办的；中国人自己最早创办的机械厂是清政府经营的军火企业；中国民族资本创办的企业，一直处于帝国主义、封建主义、官僚买办的压迫之下。随着西方先进技术的传入，我国也开始了机械的研制工作。我国清代著名数学家华蘅芳和他的好友徐寿在曾国藩的支持下于 1862 年研制出了第一台蒸汽机（图 4-15），1865 年制造了第一艘汽船（图 4-16）。

清末和中华民国北洋政府时期，军事工业在机械工业中占有重要地位。最著名的汉阳兵工厂（即湖北枪炮局）生产的"汉阳造"步枪（图 4-17），直到抗日战争时期依旧是中国共产党抗日武装的主要武器。

图 4-15 蒸汽机

图 4-16 汽船

图 4-17 "汉阳造"步枪

据 1913 年统计，全国共有军工企业 23 个，分布于 21 个省，拥有工人 28500 人，资本 1.28 亿元（银圆），分别占全国机械工业的 60.7％和 80.4％。第一次世界大战结束以后至 1926 年北伐战争以前，由于内战频繁，同时又受洋货倾销和外国厂商打击，民族资本经营的机械工业陷入困境。这个时期，中国整个机械工业基础非常薄弱，除了上海、广州、北京、武汉等几个大城市之外，中国基本上没有工业企业。洋车、洋船、洋火、洋油等，几乎所有的工业用品都要冠以"洋"的前缀[41]。

1949 年前的中国由于战争不断，国力羸弱，基本上没有像样的工业企业。我国现代机械工业直到新中国成立后才有了发展的环境和基础。

4.2.4 现代机械时期

1949 年 10 月 1 日，中华人民共和国成立。当时，中国的农业仍然是以手工个体劳动为主的传统农业，而此时的工业，比世界上主要的资本主义国家落后 100 余年。当时中国的机械工业企业只有 3000 多个，职工 10 万多人，拥有金属切削机床 3 万台左右。大多数机械厂只能从事修理和装配业务。1954 年毛泽东同志对此有过一段形象的描绘："现在我们能造什么？能造桌子椅子，能造茶壶茶碗，能种粮食，还能磨成面粉，还能造纸，但是，一辆汽车、一架飞机、一辆坦克、一辆拖拉机都不能造。"[42]

中国从第一个五年计划开始，至现在的第十四个五年规划止，70 多年时间，已从"农业经济大国"变为"工业经济大国"。中国机械工业没有让中国人民失望，2008 年中国机械工业总产值是 1949 年的 2.2 万倍，职工数量则是 1949 年的 200 多倍。到 2022 年，拖拉机、汽车、发电设备等多行业产量已居全球第一，拥有全球最完整的工业体系，整体国力居全球第二，中国已进入全球机械大国的前列，正向现代机械强国挺进。我们不仅拥有了自己的汽车、坦克、飞机和航空母舰，同时也是世界上第一制造大国。

（1）汽车

1956 年，我国造出第一辆载货车；1958 年，造出第一辆轿车［图 4-18（a）］。2021年，中国汽车产量已超过 2600 万辆，居全球第一，从具有自主知识产权的 0.6 升微型轿车到 5.6 升红旗高级轿车［图 4-18（b）］，应有尽有。2021 年中国汽车制造业企业数量为 16414 个,同比增长 4.6%。据中国汽车工业协会分析,2023 年,我国汽车产销量分别达 3016.1 万辆和 3009.4 万辆,同比分别增长 11.6% 和 12%,年产销量双双创历史新高。

(a) 国产第一辆红旗车　　　　　　　　　　(b) 5.6升红旗高级轿车

图 4-18　国产红旗车

（2）坦克

1958 年 12 月我国成功制造了第一辆"59 式"中型坦克 [图 4-19(a)]。现在生产的"99 式"主战坦克 [图 4-19(b)],无论是机动能力、攻击还是防御性能,都可与世界先进坦克抗衡。

(a) "59式"中型坦克　　　　　　　　　　(b) "99式"主战坦克

图 4-19　国产坦克

（3）飞机

1956 年 9 月 8 日我国成功制造了第一架喷气式歼击机"歼-5"飞机 [图 4-20(a)]。我国是目前除了美国和俄罗斯外第三个有能力研制第五代隐身战斗机的国家,自行研制的"歼-20"飞机 [图 4-20(b)] 已批量装备空军。歼-20 的列装,让我们在空中更有底气和信心,鹰击长空,保卫祖国的蓝天。

（4）航母

2011 年 8 月 10 日,"辽宁号"首次进行航海试验,在其后一年间,陆续进行了多次航海试验,之后正式交付给海军。目前,我们已经拥有"辽宁号"和"山东号"双航母。2022 年具备电磁弹射功能的"福建号"航母已经下水舾装(图 4-21),052D 导弹驱逐舰、

(a) 第一架喷气式歼击机"歼-5"

(b) 最先进的隐身歼击机"歼-20"

图 4-20 国产飞机

055 导弹驱逐舰、075 两栖攻击舰等大量海军先进军舰（图 4-22）快速列装，在不久的将来，我们强大海军将走向深蓝，拥抱更广阔的海洋。

图 4-21 中国航母

图 4-22 中国先进军舰

截止到 2022 年，中国已经能够自主设计和建造几乎所有类型的船舶，14.7 万立方米液化天然气船、10000 TEU 集装箱船、11300 吨滚装船、钻井生产储油船（EDPSO）、半潜式深海钻井平台等高附加价值（高技术）船舶和海洋工程陆续建设完成。出口船舶中 90% 以上为自主品牌船型。

（5）高铁

中国高速铁路（China high speed railway），简称中国高铁，是指中国境内建成使用的高速铁路，为当代中国重要的一类交通基础设施。《中长期铁路网规划》指出：高速铁路主通道规划新增项目原则采用时速 250 公里及以上标准（地形地质及气候条件复杂困难地区可以适当降低），其中沿线人口城镇稠密、经济比较发达、贯通特大城市的铁路可采用时速 350 公里标准。区域铁路连接线原则采用时速 250 公里及以下标准。城际铁路原则采用时速 200 公里及以下标准。

2008 年中国第一条高铁——京津城际高铁（图 4-23）正式开通运营以来，截至 2020 年年底，全国铁路营业里程 14.6 万千米，高速铁路运营里程达 3.79 万千米，稳居世界第一。截至 2022 年 6 月 20 日，中国已有近 3200 千米高铁常态化按速度 350 千米每小时高标准运营。高铁已经成为中国现代经济社会最亮眼的名片之一。

图 4-23　中国第一条高铁——京津城际高铁

（6）钢铁

钢铁是工业脊梁，是国家支柱产业！我国钢铁的发展从无到有，历尽坎坷。20 世纪 50 年代末的"大跃进"时期，全民"大炼钢铁"；20 世纪 70 年代为"备战"而战钢铁，曾研制完成"九大设备"和攀枝花钢铁公司一期年产 150 万吨的钢铁联合企业成套设备，主要有 1200 立方米高炉、130 平方米烧结机等，自动化水平低，大体相当于工业发达国家 20 世纪 50 年代水平。

图 4-24　我国最大的钢铁企业——宝武集团

改革开放以后，通过宝钢三期工程装备的联合设计、合作生产，冶金设备的水平和国产化率迅速提高。为以后自主研制年产300～600万吨钢的高水平成套设备打下基础。当时制造的宝钢三期工程成套设备，要求其技术水平在21世纪初仍能保持世界一流水平，现在的宝武集团是我国最大的钢铁制造企业（图4-24）。进入21世纪，我国城市化、工业化快速发展，需要大量钢材。2020年，全球成品钢材表观消费量为17.72亿吨，中国为9.95亿吨，占全球的比重为56.2%。从进出口量来看，2020年，中国钢铁进口总量和出口总量分别为3790万吨和5140万吨，均居全球第一。

4.3 切削加工及其装备

4.3.1 切削加工概述

用刀具从金属材料上切去多余的金属层，获得几何形状、尺寸精度和表面质量都符合要求的零件的生产方法称为切削加工。

金属材料的切削加工有许多分类方法。按工艺特征，切削加工一般可分为：车削（图4-25、图4-26）、铣削、钻削、镗削、铰削、刨削、插削、拉削、锯切、磨削、研磨、珩磨、超精加工、抛光、齿轮加工、蜗轮加工、螺纹加工、超精密加工、钳工和刮削等（图4-27）。

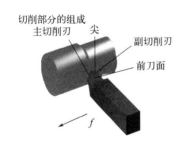

图4-25 车削原理

图4-26 车削实际场景

用切削的方法将金属毛坯加工成零件的机器，简称机床。金属切削机床是加工机器零件的主要设备。担负的工作量，占机器总制造工作量的40%～60%，机床的技术水平直接影响机械制造工业的产品质量和劳动生产率。一个国家机床工业的技术水平，机床拥有量及现代化程度，是衡量这个国家工业生产能力和技术水平的重要标志之一。

金属切削机床种类很多，最基本的是按机床的主要加工方法、所用刀具及其用途来分类。车床（图4-28）、铣床、刨床、磨床和钻床（图4-29）为基本机床，其他各种机床都由这5种机床演变而成。有镗床、齿轮加工机床、螺纹加工机床、刨插床、拉床、特种加工机床、锯床和其他加工机床等12类，每类按工艺特征和结构特征的不同，细分为若干组，而每组又细分为系（系列）。

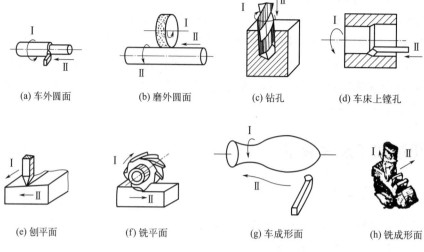

(a) 车外圆面   (b) 磨外圆面   (c) 钻孔   (d) 车床上镗孔

(e) 刨平面   (f) 铣平面   (g) 车成形面   (h) 铣成形面

图 4-27　常规切削加工原理

图 4-28　普通车床

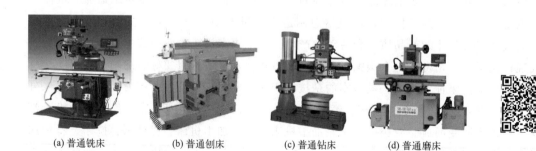

(a) 普通铣床   (b) 普通刨床   (c) 普通钻床   (d) 普通磨床

图 4-29　普通机床类别

4.3.2 机床及其发展

制造机器的机器，亦称工作母机或工具机，习惯上简称机床（machine tool）。一般分为金属切削机床、锻压机床和木工机床等。现代机械制造中加工机械零件的方法很多，除切削加工外，还有铸造、锻造、焊接、冲压、挤压等毛坯加工成形方法。而毛坯零件和后续加工以及精度要求较高和表面粗糙度要求较小的零件，一般需在机床上用切削的方法进行最终加工。

两千多年前的树木机床（机床的雏形，图4-30），操作的时候用脚踩住绳子下方的套圈，利用树枝的韧性带动工件旋转，用石片或者贝壳等物作为刀具，将刀具沿着横条对物品进行切割的操作，可以说是最早的机床。

随着社会的进步，机床从室外的树上搬到了室内，这时候就有用脚踏板旋转曲轴并带动飞轮，再传动到主轴使其旋转的"脚踏车床"（图4-31），也称为弹性杆棒车床，不过除了刀具是真用金属外，操作原理还是跟原先一模一样。明代《天工开物》这本书里记载了磨床的结构，这里利用了类似欧洲中世纪脚踏机床的原理，用脚踏的方法使金属盘旋转，配合沙子和水来加工玉石[43]。16世纪中叶，法国有一个叫贝松的设计师设计了一种用螺丝杠使刀具滑动的车螺丝用的车床，可惜的是，这种车床并没有推广使用。

图4-30 树木机床   图4-31 脚踏车床

19世纪美国的惠特尼制造出了卧式铣床。1862年，J. R. 布朗制成万能铣床，代替手工锉制加工麻花钻。美国人诺顿于1900年用金刚砂和刚玉石制成直径大而宽的砂轮，以及刚度大而牢固的重型磨床（图4-32）。磨床的发展，使机械制造技术进入精密化的新阶

图4-32 诺顿磨床

段。20 世纪 20 年代出现了半自动铣床，工作台利用挡块可完成"进给—快速"或"快速—进给"的自动转换。直到 20 世纪 50 年代，数控机床的出现，使机床业进入新时期。

4.4　数控加工

4.4.1　数控加工概述

数控机床是数字控制机床（computer numerical control machine tools，CNC）的简称，是一种装有程序控制系统的自动化机床。该控制系统能够逻辑地处理具有控制编码或其他符号指令规定的程序，并将其译码，用代码化的数字表示，通过信息载体输入数控装置。经运算处理由数控装置发出各种控制信号，控制机床的动作，按图纸要求的形状和尺寸，自动地将零件加工出来，见图 4-33。数控机床较好地解决了复杂、精密、小批量、多品种的零件加工问题，是一种柔性的、高效能的自动化机床，代表了现代机床控制技术的发展方向，是一种典型的机电一体化产品，其主要组成见图 4-34。

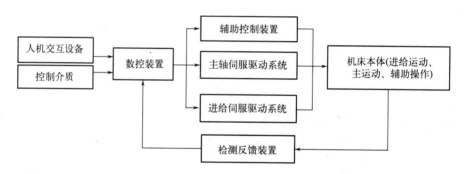

图 4-33　数控机床的系统组成

图 4-34　数控机床的主要组成

数控机床与传统机床相比（图 4-35），具有以下一些特点：

① 具有高度柔性；

② 加工精度高；

③ 加工质量稳定、可靠；

④ 生产效率高；

⑤ 改善劳动条件；

⑥ 利用生产管理现代化。

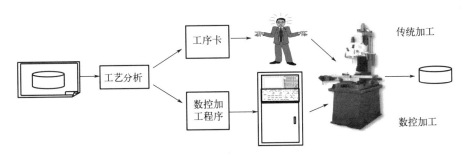

图 4-35 传统加工与数控加工的比较

4.4.2 数控加工原理和装备

数控机床加工零件的工作过程分以下几个步骤，如图 4-36 所示。

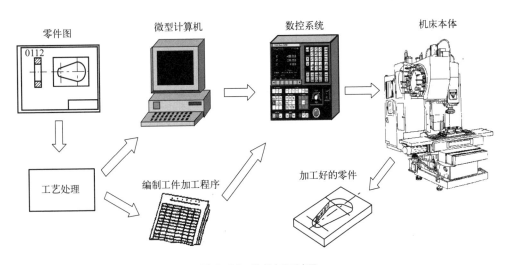

图 4-36 数控加工过程

① 根据被加工零件的图样与工艺方案，用规定的代码和程序格式编写加工程序。

② 所编写程序指令输入数控装置。

③ 数控装置将程序（代码）进行译码、运算之后，向机床各个坐标的伺服机构和辅

助控制装置发出信号，以驱动机床的各运动部件，并控制所需要的辅助动作，最后加工出合格的零件。

加工中心是一种功能较全的数控加工机床。它能把铣削、镗削、钻削、攻螺纹和切削螺纹等功能集中在一台设备上，使其具有多种工艺手段。它的综合加工能力较强，工件一次装夹后能完成较多的加工内容，而且加工精度较高，就中等加工难度的批量工件，其效率是普通设备的5～10倍，特别是它能完成许多普通设备不能完成的加工，对形状较复杂、精度要求高的单件加工或中小批量多品种生产更为适用。加工中心的发展进程如图4-37所示，由普通车床发展到数控车床经历了约百年的时间。

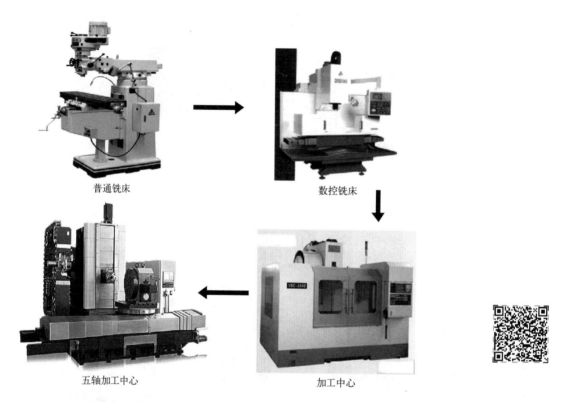

普通铣床　　　　数控铣床

五轴加工中心　　　　加工中心

图 4-37　铣床至加工中心的变化

4.4.3　数控加工发展历程

1952年，第一台电子管数控机床（图4-38）在MIT（麻省理工学院）问世，成为世界机械工业史上一件划时代的事件，推动了自动化的发展。当时控制程序是记录在纸带上的字符和数字，故称数字控制机床。

1955年，第一台商业数控机床在美国机床展览会上展出。

从1960年开始，随着电子技术的发展，晶体管、集成电路、微处理器、微型计算机的不断发展，数控系统也经历了不断更新换代的过程。直至20世纪90年代后期，出现了PC（个人计算机）+CNC智能数控系统，即以PC为控制系统的硬件部分，在PC上安装

NC 软件系统，此种方式系统维护方便，易于实现智能化，网络化制造。数控机床核心控制系统的发展历程见图 4-39，最初由晶体管控制，而现在用大规模集成电路芯片控制。后续的发展是网络化和智能化，其系统网络见图 4-40。

图 4-38　第一台电子管数控机床

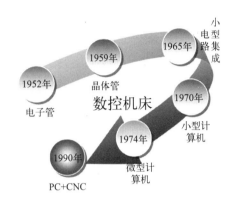

图 4-39　数控机床的发展历程

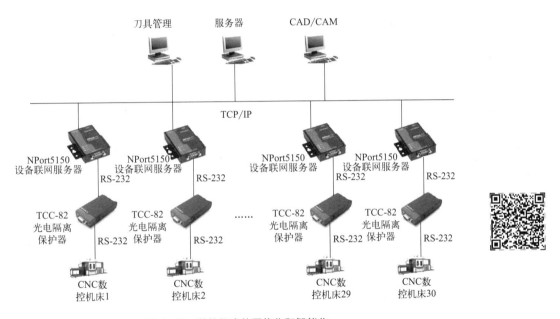

图 4-40　数控机床的网络化和智能化

4.5　激光加工

4.5.1　激光加工的概念

　　激光（laser）是 20 世纪以来继核能、电脑、半导体之后，人类的又一重大发明，被称为"最快的刀""最准的尺""最亮的光"。其英文全称 light amplification by stimulated emission of radiation 的意思是"通过受激辐射光扩大",意思解释如图 4-41 所示。激光的英文全称已经完全表达了制造激光的主要过程。

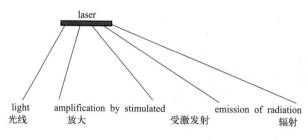

图 4-41 laser 的解释

　　激光的原理早在 1916 年就被著名的美国物理学家爱因斯坦发现。原子受激辐射的光,故名"激光":原子中的电子吸收能量后从低能级跃迁到高能级,再从高能级回落到低能级的时候,所释放的能量以光子的形式放出。被引诱(激发)出来的光子束(激光),其中的光子光学特性高度一致。这使得比起普通光源,激光的单色性好,亮度高,方向性好。激光的产生过程见图 4-42。

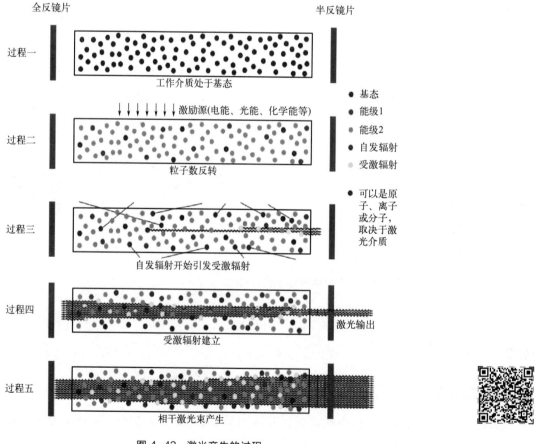

图 4-42 激光产生的过程

利用能量密度极高的激光束照射工件的被加工部位，使其材料瞬间熔化或蒸发，并在冲击波作用下，将熔融物质喷射出去，从而对工件进行穿孔、蚀刻、切割，或采用较小能量密度，使加工区域材料熔融黏合或改性，对工件进行焊接或热处理。激光加工是激光系统最常用的应用。

根据激光束与材料相互作用的机理，大体可将激光加工分为激光热加工和光化学反应加工两类。激光热加工是指利用激光束投射到材料表面产生的热效应来完成加工过程，包括激光焊接、激光切割、表面改性、激光打标、激光钻孔和微加工等见图 4-43。；光化学反应加工是指激光束照射到物体，借助高密度高能光子引发或控制光化学反应的加工过程，包括光化学沉积、立体光刻、激光刻蚀等，激光热加工的各种方法的市场占比见图 4-44，可以发现，激光切割、激光打标和激光焊接占了半壁江山。

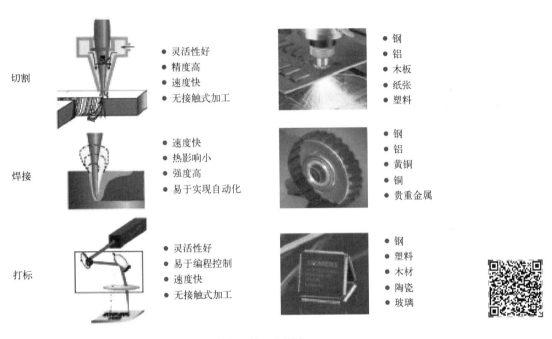

图 4-43　激光热加工的三大领域

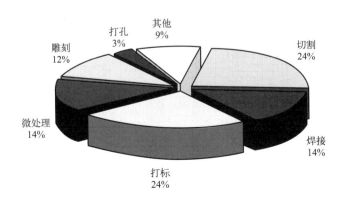

图 4-44　激光加工的市场占比

4.5.2　激光加工的特点

① 激光束能聚焦成极小的光点（达微米数量级），适合于微细加工（如微孔和小孔等）。

② 功率密度高，可加工坚硬高熔点材料如钨、钼、钛、淬火钢、硬质合金、耐热合金、宝石、金刚石、玻璃和陶瓷等。

③ 无机械接触作用，无工具损耗问题，不会产生加工变形，譬如激光打标（图 4-45）。

④ 加工速度极快，对工件材料的热影响小。

⑤ 可在空气、惰性气体和真空中进行加工，并可通过光学透明介质进行加工。

⑥ 生产效率高，例如打孔速度可达 10 个每秒，对于几毫米厚的金属板材切割速度可达几米每分钟（图 4-46）。

图 4-45　激光打标机及实例　　　　图 4-46　激光切割及实例　

4.5.3　激光加工的应用

激光的微区高能特点，为金属材料的快速精密加工带来极大方便。激光材料加工技术的主要方式见图 4-47，从图中可见激光加工应用面很广，在前文 3.3.7 节已经讲过激光焊接及其应用，本节主要介绍激光切割技术的应用。

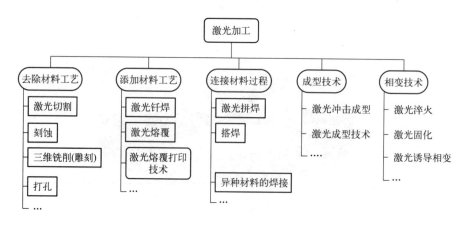

图 4-47　激光材料加工技术的主要方式

4.5.3.1 激光切割技术

激光切割过程中,激光光束聚焦成很小的光点(最小直径可小于 0.1mm)使焦点处达到很高功率密度(可超过 10^6W/cm^2)。图 4-48(a) 所示为激光切割头的结构,除了透镜以外它还有一个喷出辅助气体流的同轴喷嘴。喷嘴是影响激光切割质量和效率的一个重要部件。激光切割一般采用同轴(气流与光轴同心)喷嘴,喷嘴出口直径大小应依据板厚选择。另外,喷嘴到工件表面的距离对切割质量也有较大影响,为了保证切割过程稳定,这个距离必须保持不变。

激光切割大都采用重复频率较高的脉冲激光器或连续振荡的激光器。激光切割的原理是基于聚焦后的激光具有较高的功率密度而使工件材料瞬间气化蚀除。工件与激光束要相对移动。激光切割可以实现微细结构的精密切割,如图 4-48(c) 所示,也可以进行厚钢板的切割,见图 4-48(d)。大功率 CO_2 气体激光器所输出的连续激光可以切割钢板、钛板、石英、陶瓷等,其工艺效果较好,如图 4-49 所示。

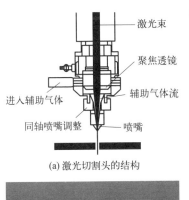

进入辅助气体
同轴喷嘴调整
激光束
聚焦透镜
辅助气体流
喷嘴

(a) 激光切割头的结构

(b) 实际激光切割场景

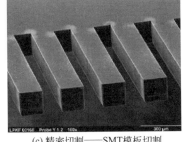

(c) 精密切割——SMT模板切割

(d) 厚钢板切割

图 4-48　激光切割头的结构

4.5.3.2 激光打孔

激光打孔机的基本结构包括激光器、加工头、冷却系统、数控装置和操作盘(图 4-50)。加工头将激光束聚焦在材料上需加工孔的位置,适当选择各加工参数,激光器发出光脉冲就可以加工出需要的孔。激光打孔时材料的去除主要与激光作用区内物质的破坏及破坏产物的运动有关。严格分析激光打孔的成因需要解决激光打孔时产生的蒸气和黏性液体沿孔壁流动的动力学问题。激光打孔时一般采用脉冲激光器,以 Nd:YAG 激光器为主,也可以采用可调制脉冲的 CO_2 激光器,脉冲重复频率是重要的激光打孔参数,多脉冲激光的共同作用产生各种尺寸的孔径。

(a) 陶瓷薄片的切割

(b) 硅晶圆的切割

(c) 塑料材料切割

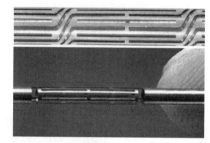

(d) 不锈钢心血管支架的切割

图 4-49　各种材料的激光切割实例

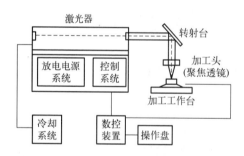

(a) 激光打孔机的基本结构图

(b) 实际激光打孔场景

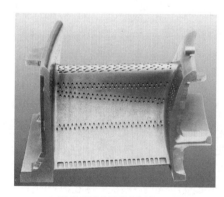

(c) 飞机叶片的激光打孔

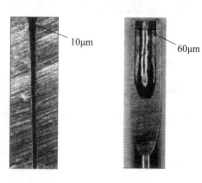

(d) 直径150μm的外科手术针端部打孔(孔径10μm，
深度450μm，左图)及4mm厚的阀座上打润滑孔
(孔径60μm，右图)

图 4-50　激光打孔机的基本结构及应用

利用激光束的高能密度特性，可以对金属、非金属进行打孔加工，尤其是微细孔加工。一般机械钻孔直径为几毫米或零点几毫米，而激光则能加工小至几微米的孔，可对钟表上的宝石轴承打孔。激光打孔只是利用激光束，而不需要切削工具，因此不存在工具损耗或工具变形等问题。激光打孔适合于自动化高速连续打孔。传统机械加工工序多、效率低，现在采用激光打孔工件自动传送，每分钟可连续加工几十件，其加工速度高，热影响区很小，能加工各种高强、高硬的金属、非金属材料。

激光打孔在加工各种角度的斜孔、薄壁零件上的小孔、难加工金属材料及复合材料上微小孔方面更具有优越性。

4.6　机械制造智能化——机器人

机器人技术作为 20 世纪人类最伟大的发明之一，自 20 世纪 60 年代问世以来，经历多年的发展取得了长足的进步。1920 年，捷克斯洛伐克作家 Karel Čapek 在其科幻小说（*Rossum's Universal Robots*）中，首次使用机器人这一词，并被沿用至今。Robot，原为 robo，意为奴隶，即人类的仆人。小说作者梦想着出现这样的情况，即生物过程可以创造出类人的机器，虽缺乏感情和灵魂，但能服从人类命令机器人的起源可以追溯至古代。

4.6.1　古代机器人的发展历史

春秋时代（公元前 770—前 467 年）后期，被称为木匠祖师爷的鲁班，利用竹子和木料制造出一个木鸟，它能在空中飞行，"三日不下"，这件事在古书《墨经》中有所记载，这可称得上世界第一个空中机器人，见图 4-51(a)[44]。

(a) 鲁班制作"木鸟"

(b) 地动仪

(c) 记里鼓车

(d) 木牛流马

图 4-51　古代机器人制作的代表

东汉时期（公元 25—220 年），我国科学家张衡，不仅发明了震惊世界的"候风地动仪"[图 4-51(b)]，还发明了测量路程用的"记里鼓车"[图 4-51(c)]，车上装有木人、鼓和钟，每走 1 里，击鼓 1 次，每走 10 里击钟一次，奇妙无比[45]。

三国时期的蜀汉（公元 221—263 年），丞相诸葛亮既是一位军事家，又是一位发明家。他成功地创造出"木牛流马"，可以运送军用物资，可称为最早的陆地军用机器人[图 4-51(d)]系后人仿制品。

在国外，也有一些国家较早进行机器人的研制。公元前 3 世纪，古希腊发明家戴达罗斯用青铜为克里特岛国王迈诺斯塑造了一个守卫宝岛的青铜卫士塔罗斯。1662 年，日本人竹田近江，发明了能进行表演的自动机器玩偶；法国的天才技师杰克·戴·瓦克逊，于 1738 年发明了自动机器鸭。

4.6.2 现代机器人的发展历史

第一阶段——理论发展（1920—1948 年）

1942 年，美国科幻作家阿西莫夫提出了"机器人三定律"——第一定律：机器人不得伤害人类个体，或者目睹人类个体将遭受危险而袖手不管；第二定律：机器人必须服从人给予它的命令，当该命令与第一定律冲突时例外；第三定律：机器人在不违反第一、第二定律的情况下要尽可能保护自己的生存。随着技术的发展，人们不断对机器人三定律补充、修正。1948 年，罗伯特·维纳发表"控制论"，提出以计算机为核心的自动化工厂。

第二阶段——第一代可编程机器人（1954—1962 年）

1954 年美国人乔治·德沃尔创建了世界上第一个可编程机器人，并注册专利。这种机器人一般可以根据操作人员所编的程序，完成一些简单的重复性操作。这一代机器人是从 20 世纪 60 年代后半叶开始投入实际使用的，目前在工业界已得到广泛应用。这种机器人不具有外界信息的反馈能力，不能适应环境的变化。1956 年，美国发明家乔治·德沃尔（George Devol）和物理学家约瑟·英格柏格（Joe Engelberger）成立了一家名为 Unimation 的公司，公司名字来自"Universal"和"Animation"两个单词的缩写，标志着世界第一家机器人公司成立。1962 年，Unimation 公司的第一台机器人产品 Unimate 问世（图 4-52）。该机器人由液压驱动，并依靠计算机控制手臂执行相应的动作。1967 年，一台 Unimate 机器人安装运行于瑞典，这是在欧洲安装运行的第一台工业机器人（图 4-53）。同年，美国机床铸造公司研制了 Versatran 机器人，其工作原理与 Unimate 相似。一般认为，Unimate 和 Versatran 是世界上最早的工业机器人。

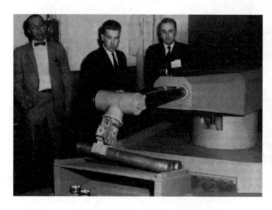

图 4-52　1962 年诞生了世界上最早的
工业机器人——Unimate

图 4-53　安装运行于瑞典的
第一台工业机器人

第三阶段——第二代可感知机器人（1962—1978 年）

1962—1963 年，传感器的应用提高了机器人的可操作性。人们试着在机器人上安装各种各样的传感器，包括 1961 年恩斯特采用的触觉传感器，托莫维奇和博尼 1962 年在世界上最早的"灵巧手"上用到了压力传感器，而麦卡锡 1963 年则开始在机器人中加入视觉传感系统，并在 1965 年帮助 MIT 推出了世界上第一个带有视觉传感器、能识别并定位积木的机器人系统。

1965 年，约翰霍普金斯大学应用物理实验室研制出 Beast 机器人［图 4-54（a）］。Beast 机器人没有使用计算机，其控制电路由几十个控制模拟电压的晶体管组成，能通过声呐系统、光电管等装置，根据环境校正自己的位置。Beast 机器人是一个移动机器人，有初步的智能和独立生存的能力。当它在实验室的白色大厅里漫步时，它会寻找插座，当它找到插座时，它会插入和充电。

1968 年，美国斯坦福研究所公布他们研发成功的机器人 Shakey［图 4-54（b）］。它带有视觉传感器，能根据人的指令发现并抓取积木，不过控制它的计算机有一个房间那么大。Shakey 可以算是世界上第一台智能机器人，它拉开了第三代机器人研发的序幕。

1969 年，维克多·舍曼发明了斯坦福臂［图 4-54（c）］，这是一种机器人臂，被认为是第一批完全由计算机控制的机器人之一。这是一个巨大的突破。它是六轴关节机器人。虽然主要用于教育，但"计算机控制"标志着工业机器人的重大突破。

(a) Beast机器人　　　　(b) Shakey机器人　　　　(c) 斯坦福臂

图 4-54　早期机器人

1970 年，日本早稻田大学建造了第一个拟人机器人 Wabot-1［图 4-55（a）］。它由肢体控制系统、视觉系统和会话系统组成，可以自行导航和自由移动，它甚至可以测量物体之间的距离。它的手具有触觉传感器，这意味着它能抓住和运输物体。它的智力与 18 个月大的人类相当，这标志着人形机器人技术的重大突破。

1976 年，机器人 Viking1［图 4-55（b）］和 Viking 2 登陆火星。这两个机器人都是由放射性同位素热电发电机提供动力的，该发电机利用衰变钚释放的热量发电。它们是我们今天所知道的火星漫游者的先驱。

1978 年美国 Unimation 公司推出通用工业机器人 PUMA［图 4-55（c）］，这标志着工业机器人技术已经完全成熟。PUMA 至今仍然工作在工厂第一线。

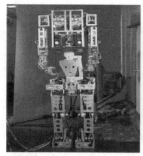
(a) 第一个拟人机器人Wabot-1

(b) 机器人 Viking 1

(c) PUMA：工业机器人的始祖

图 4-55　近代机器人

第四阶段——智能机器人（1980 年—现在）

智能机器人是靠人工智能技术决策行动的机器人，它们根据感觉到的信息，进行独立思维、识别、推理，并作出判断和决策，不用人的参与就可以完成一些复杂的工作任务。它能在变化的环境中，自主决定自身的行为，具有高度的适应性和自治能力。这类机器人具有自主解决问题的能力，也被称为自治机器人。

20 世纪 80 年代，机器人正式进入了主流消费市场，尽管大部分都是简单的玩具。其中最受欢迎的机器人玩具是 OmniBot 2000（图 4-56），其由远程控制，配备了一个托盘，用于提供饮料和零食。

1989 年，由麻省理工学院的研究人员制造的六足机器人 Genghis（成吉思汗）（图 4-57），被认为是现代历史上最重要的机器人之一。由于其体积小，材料便宜，Genghis 被认为缩短了生产时间成本。它有 12 个伺服电机和 22 个传感器，可以穿越复杂岩石的地形。

1997 年 5 月 11 日，IBM 开发的"深蓝"计算机经过六场比赛，成为世界上首个击败世界国际象棋冠军卡斯帕罗夫的机器人（图 4-58）。

图 4-56　机器人玩具
OmniBot 2000

图 4-57　六足机器人 Genghis
（成吉思汗）

图 4-58　世界国际象棋冠军
卡斯帕罗夫对弈"深蓝"

2000 年，日本本田公司生产的 ASIMO 机器人是一个人工智能的仿人机器人 [图 4-59(a)]。ASIMO 能够像人一样快速行走。这个机器人可以在餐厅为顾客送托盘，与人手牵着手一起行走，识别物体，解释手势，辨别声音。

2005 年，Android 人形机器人 [图 4-59(b)] 被制造出来，它与人类有着相似的地方，其设计看起来像日本女性，它的气动执行器有多达 47 个关节点或者身体的部件，使动作看起来自然。

2018 年，特斯拉汽车制造工厂的全自动化生产车间 [图 4-59(c)] 建成，共有冲压生产线、车身中心、烤漆中心和组装中心四大制造环节。在车间内根本看不到人的身影，从原材料加工到成品组装，整个生产流程都由机器人完成。机器人由计算机系统控制，按照设定好的程序运作。机器人与机器人之间流水化运营、无缝对接。

2019 年，麻省理工学院新推出的 cheetah（猎豹）机器人 [图 4-59(d)]，弹性十足，脚部轻盈，可与体操运动员媲美。四条腿强劲有力，还可以在不平坦的地形上小跑，速度大约是普通人步行速度的两倍。它的体重只有 20 磅（1 磅＝453.59237 克），它的四肢是不会被推倒的：当它被踢到地上时，它能很快恢复正常。也许最令人印象深刻的是它能够从站姿进行 360 度的后空翻。

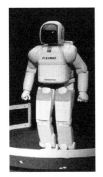   

(a) ASIMO
机器人
(b) Android
机器人
(c) 全自动化生产车间
(d) cheetah(猎豹)机器人

图 4-59　智能机器人

4.6.3　工业机器人

国际上通常将机器人分为工业机器人和服务机器人两大类。1987 年 ISO 对工业机器人进行的定义是："工业机器人是一种具有自动操作和移动功能，能完成各种作业的可编程操作机。"工业机器人与专用机械手的区别：工业机器人具有独立的控制系统（大多应用计算机技术），可以容易地通过再编程的方法实现动作程序的变化来适应不同的作业要求；机械手只能完成比较简单的搬运、抓取及上下料工作，常常作为机器设备的附属装置，其程序是固定不变的。日本在机器人的研究、生产和应用方面都居世界前位，被誉为机器人王国。工业机器人的发展方向是向"智能"化发展，其对外部环境和对象物体具有自适应能力，应用的行业越来越多（图 4-60）。

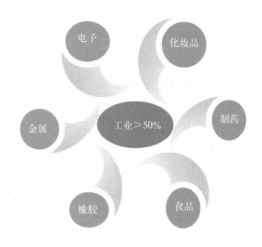

图 4-60　机器人行业分布

　　中国每年工业机器人的装机量约占全球的 1/8。自 2009 年以来，中国机器人市场持续快速增长，工业机器人年均增长速度超过 40%。目前工业机器人在制造加工中主要从事工件下料、焊接、装配、喷涂、检验、铸造、锻压、热处理、金属切削加工等工作，见图 4-61。

(a) 机器人汽车焊接生产线

(b) 管道清洗机人

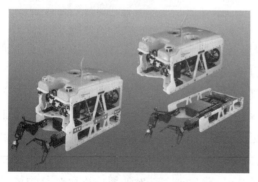

(c) 无缆水下勘探机器人

(d) 火星探险机器人

(e) 搬运机器人

(f) 装配机器人

图 4-61　各种工业机器人

4.6.4　服务机器人

服务机器人（图 4-62）能判断人的动作并做出相应的反应，有团队协作能力，其视频识别系统还能够更好地判断路径，避免与其他机器人冲突。娱乐机器人也正在研究发展（图 4-63）。娱乐机器人是以供人观赏、娱乐为目的机器人。除具有机器人的外部特征，可

图 4-62　服务机器人

图 4-63　娱乐机器人

以像人、像某种动物、像童话或科幻小说中的人物等；还可以行走或完成动作，可以有语言能力，会唱歌，有一定的感知能力。

机器人三定律，给机器人社会赋予新的伦理性，并使机器人概念通俗化更易于为人类社会所接受，至今，其仍为机器人研究人员、设计制造厂家和用户，提供了十分有意义的指导方针。

5

电工电子技术

电工电子技术已经融入了社会生活的方方面面，给生产生活带来了全新的改变，尤其是集成电路，关系国民经济和社会发展的基础性、先导性和战略性产业。

当前，我国进入新发展阶段。随着我国在高科技领域逐步崛起，以美国为首的西方国家对中国采取制裁、脱钩、遏制等一系列打压手段，试图推进全球产业链重构，"去中国化"。集成电路、人工智能产业首当其冲。

5.1 电子元器件认知

在各类电子产品中，电子元器件占有重要的地位，尤其是三大基础元件（电阻器、电容器、电感器）往往能占电子产品元器件数量的 50% 以上。

电子元器件技术总的发展趋向是集成化、小型化、性能更好、结构更合理。

电子元器件是在电路中具有独立电气功能的基本单元，也是组成集成电路的基本器件。电子元器件种类繁多，功能各异，图 5-1 为各种类型的电子元器件的封装图。电子元

图 5-1 电子元器件

器件按工作原理分为电子元件（无源器件）和电子器件（有源器件）两种类型。

5.1.1 电子元件

电子元件包括电阻器、电容器、电感器等。因为它本身不产生电子，它对电压、电流无控制和变换作用，所以又称无源器件。

5.1.1.1 电阻器

（1）电阻器的用途

电阻器在电路中的主要作用有：负载、分流、限流、分压、取样等。

（2）电阻器的分类

电阻器按结构可分为：固定电阻器、可变电阻器（图5-2）、敏感电阻器。按材料可分为：绕线电阻器［图5-2（b）］、金属膜电阻器［图5-3（a）］、碳膜电阻器［图5-3（b）］。按外形封装可分为：插装电阻器、贴片电阻器、集成电阻器。按用途可分为：普通型、精密型、功率型、高压型、高阻型、高频型、保险型。

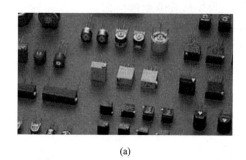

（a）   （b）

图5-2　可变电阻器（a）和绕线电阻器（b）

贴片电阻器（SMD）是金属玻璃铀电阻器的一种。一般表面为黑色，底及两边为银灰色［图5-3（c）］。贴片电阻器适用于自动装贴，与再流焊与波峰焊匹配。

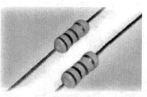

(a) 金属膜电阻器　　　　　(b) 碳膜电阻器　　　　　(c) 贴片电阻器

图5-3　金属膜电阻器、碳膜电阻器和贴片电阻器

敏感电阻器的主要类型有热敏电阻器、光敏电阻器、压敏电阻器、湿敏电阻器、磁敏电阻器、力敏电阻器、气敏电阻器等，常在检测和控制装置中作为传感器使用。其中，热敏电阻器的电阻值随温度变化而变化，热敏电阻器用于温度测量、控制，火灾报警等；光敏电阻器的电阻值随入射光线强弱而变化，光敏电阻器用于光电控制，导弹、卫星监测

等；压敏电阻器的电阻值随电压的变化而变化，压敏电阻器用于过压保护和作为稳压元件等。图 5-4 为上述几种敏感电阻器。

(a) 热敏电阻器

(b) 光敏电阻器　　　　　　　(c) 压敏电阻器

图 5-4　敏感电阻器

（3）电阻器标称阻值的标注方法

电阻器的主要技术参数有标称阻值、额定功率、允许偏差、温度系数、非线性特性等。一般电阻器只标明阻值、精度、材料和额定功率。小于 0.5W 的小电阻器，通常只标明阻值和精度，材料及功率由外形颜色和尺寸判断。

电阻器标称阻值的标注方法有四种，分别是直标法、文字符号法、数字法和色标法。电阻器一般通过色标法来标称阻值，标注方法如图 5-5 所示。

普通电阻器阻值采用四环标志。前两环表示有效数字，第三环表示倍率，第四环表示允许偏差。精密电阻器采用五环标志，前三环表示有效数字，第四环表示倍率，与前四环距离较大的第五环表示允许偏差。

5.1.1.2　电容器

电容器是一种储能元件，在电路中起"隔直通交"的作用，用于耦合、滤波、旁路、调谐、振荡、相移以及波形变换等。

电容器按材料分为：瓷介电容器、瓷片电容器、独石电容器、涤纶电容器、云母电容器、电解电容器、钽电容器及安规电容器等。按原理分为无极性可变电容器、无极性固定电容器、有极性电容器等。图 5-6 为几种不同种类的电容器。

① 瓷片电容器：误差小，频率特性好，主要用于旁路、高频滤波。

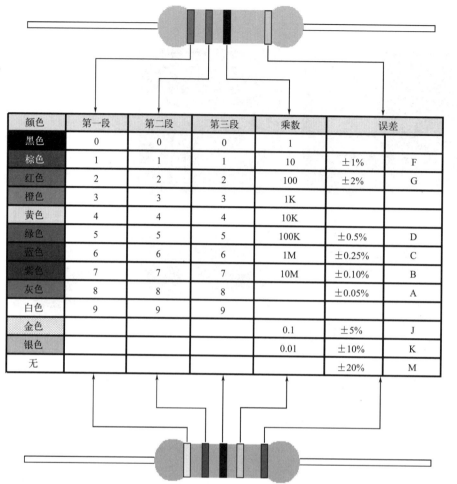

颜色	第一段	第二段	第三段	乘数	误差	
黑色	0	0	0	1		
棕色	1	1	1	10	±1%	F
红色	2	2	2	100	±2%	G
橙色	3	3	3	1K		
黄色	4	4	4	10K		
绿色	5	5	5	100K	±0.5%	D
蓝色	6	6	6	1M	±0.25%	C
紫色	7	7	7	10M	±0.10%	B
灰色	8	8	8		±0.05%	A
白色	9	9	9			
金色				0.1	±5%	J
银色				0.01	±10%	K
无					±20%	M

图 5-5　电阻器标称阻值的色标法

陶瓷(瓷片)电容器

贴片陶瓷电容器

电解电容器

云母电容器

图 5-6　各类电容器

② 独石电容器：体积小，频率特性好，主要用于厚膜集成、谐振、耦合、滤波。

③ CBB 薄膜电容器：高频特性好，容量变化小，主要用于高频滤波。

④ 云母电容器：高频性好，稳定性高，主要用于振荡、延时控制电路。

⑤ 涤纶电容器：耐高温、高压，稳定性好，主要用于中低频滤波电路。

⑥ 安规电容器：在电容器失效时快速释放电荷，主要用于安保、抑制电磁干扰。

⑦ 电解电容器：容量大，误差大，主要用于电源滤波、去耦、低频电路。

电容器标称阻值的标注方法有直标法、色标法、数字表示法等。

5.1.1.3 电感器

电感器也是一种储能元件，在电路中起"隔交通直"的作用，用于滤波、振荡、延迟、陷波等。电感器的种类很多，最常见的为色环电感器、色码电感器、电感线圈、磁环电感器及微调电感器等（图 5-7）[46]。

图 5-7　电感器

导电材料线圈（通常是绝缘铜线）缠绕在塑料芯上形成空芯电感器，缠绕在铁磁（或亚铁磁）材料芯上形成"铁芯"电感器。

变压器是一种低频电感器。变压器在电路中起电压变换和阻抗变换的作用。它采用电工钢芯层叠在一起以防止涡流。变压器分为电源变压器、隔离变压器、调压器、音频变压器、中频变压器、高频变压器、脉冲变压器等类型。

5.1.1.4　传感器

智能创新设计经常需要使用各类传感器，如气体浓度、颜色、触碰、声控、超声波、三轴加速度、温湿度、压力、光线等传感器。表 5-1 为 Arduino 支持的常用传感器。

表 5-1　Arduino 支持的各种传感器

名称	原理或作用	图示
声控传感器	声控传感器又称声音传感器,可以用来检测周围环境声音的强度大小	

名称	原理或作用	图示
红外距离传感器	红外距离传感器利用发射的红外线遇物体后反射回传感器的特性,通过测量发射时间和接收时间之间的时间差来计算距离	
颜色传感器	颜色传感器是一款全彩的颜色检测器,能在一定范围内测量被测物体的红绿蓝3种颜色的RGB标准值	
超声波测距传感器	超声波测距传感器由发射器和接收器两部分组成 超声波发射器发射超声波并同时开始计时,超声波在碰到障碍物后会立即反射回来,超声波接收器收到反射波就立即停止计时。通过计算发射和接收超声波的时间差和波的传播速度就能计算传感器与物体间的距离	
数字温湿度传感器	数字温湿度传感器用来检测环境的温湿度 温湿度传感器利用热敏元件和温敏元件的电气特性来测量环境的温湿度	
三轴加速度传感器	三轴加速度传感器基于重力原理用来对物体的姿态或者运动方向进行检测,可以实现双轴360度的倾角测量。目前,三轴加速度传感器大多采用压阻式、压电式和电容式工作原理,加速度正比于电阻、电压和电容值	

名称	原理或作用	图示
手势识别传感器	追踪手势变化的传感器 手势识别传感器通常使用各种不同的技术来实现手势识别,包括摄像头、红外线、超声波和雷达	
旋转角度传感器	当在机器人身上连接上轮子(或通过齿轮传动来移动机器人)时,可以依据轮子旋转的角度和轮子圆周数来推断机器人移动的距离	
光线传感器	光线传感器根据光线亮度的强弱输出数字信号1或0	
触摸传感器	触摸传感器通过电容触摸感应原理来检测人体接触。当有人触摸时输出高电平,当无人触摸时输出低电平	
压力传感器	压力传感器测量物体受到的压力大小,将压力信号转换成电信号。压力传感器通常由压敏电阻组成。压敏电阻的阻值与受力的大小成正比。压力传感器可用于机器人姿态调整、力的控制、碰撞检测和安全保护等	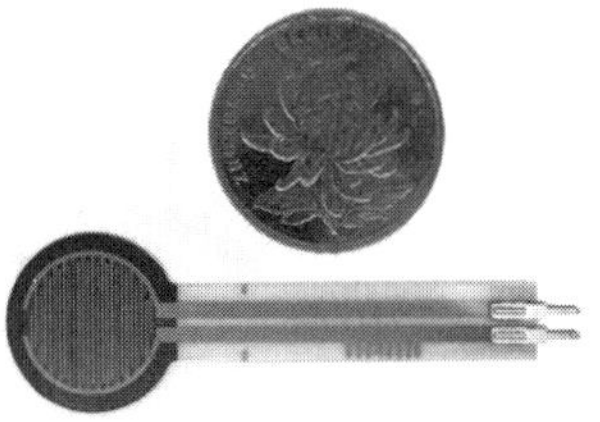

名称	原理或作用	图示
倾斜传感器	倾斜传感器内部由金属球和触点组成,用来检测倾斜方向和水平位置。相较于陀螺仪,其成本更低,更简单易用	
人体红外热释传感器	一种专门用作探测人体辐射的红外线传感器。无论人体是移动还是静止,感光元件都可产生极化压差,感光电路发出有人的识别信号,达到探测人体的目的	
MQx 系列气体传感器	当传感器所处环境中存在可燃气体时,传感器的电导率随空气中可燃气体浓度的增加而增大。电路将电导率的变化转换为与该气体浓度相对应的输出信号	

5.1.2 电子器件

电子器件包括晶体二极管、晶体三极管、场效应管、集成电路及其他器件,主要用于放大、开关、整流、检波和调制电路。电子器件由于本身能产生电子,对电压、电流有控制、变换作用,所以又称有源器件。

5.1.2.1 晶体二极管

晶体二极管具有单向导电性。在电路中二极管起到检波、限幅、整流、开关、稳压、显示、隔离、保护、编码控制等作用。

根据二极管的用途,可分为普通二极管、整流二极管、稳压二极管、发光二极管等。普通二极管一般为玻璃和塑料封装,外壳上均印有型号和标记。整流二极管为黑色封装;稳压二极管为玻璃封装;发光二极管为塑料封装(图5-8)。

5.1.2.2 晶体三极管

晶体三极管(图5-9)是一种电流控制的半导体器件,可用来对微弱信号进行放大,可作为无触点开关使用,用于放大、开关、隔离、振荡、混频、频率变换等电路中。

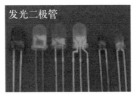

整流二极管　稳压二极管　发光二极管

图 5-8　晶体二极管

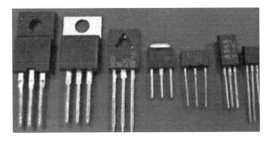
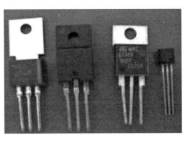

图 5-9　晶体三极管

晶体三极管的种类繁多，从结构上分为 PNP 型和 NPN 型。从频率上分为低频管、高频管、超高频管。从功率上分为小功率管、大功率管等。

5.1.2.3　集成电路

集成电路（integrated circuit，IC）将电子元器件及其连线都集中制造在同一块半导体材料芯片上，与分立元件电路相比，具有可靠性高、可维性好、功耗及成本低等特点。图 5-10 为多种不同类型的集成电路。

图 5-10　集成电路

（1）集成电路的类型

按制作工艺分为双极型［如 TTL（晶体管-晶体管逻辑）、ECL（发射极耦合逻辑）、HTL（高阈值逻辑）等］和单极型［如 CMOS（互补金属氧化物半导体）］集成电路。

按集成规模分为小规模集成电路（SSI）、中规模集成电路（MSI）、大规模集成电路（LSI）和超大规模集成电路（VLSI）。

（2）集成电路的封装

集成电路的封装分为通孔引脚插装式（PTH）和表面贴装式（SMT）。图 5-11 是常见的几种集成电路封装。

图 5-11　集成电路的封装

PTH 封装主要有 DIP（双排引脚）、PGA（插针网格式）等。PTH 在机械连接强度上的优势毋庸置疑，但 PTH 中使用的通孔将大量占用印制电路板（PCB）有效布线面积，目前主流的 PCB 设计中多使用表面贴片封装。

表面贴片封装有很多种类，常用的封装形式有：SOT（小型塑封晶体管）、QFP（四侧引脚扁平式封装）、QFN（四方无引脚扁平封装）、BGA（球阵列封装）、CSP（芯片尺寸封装）、MCP（multi-chip package，多芯片封装）、SiP（system in package，系统内封装）。当前集成电路的封装形式主要是 CSP、SiP、MCP。

BGA 的底部按照矩阵方式制作引脚，引脚的形状为球形，在封装壳的正面装配芯片。相对于传统贴片封装，BGA 的封装具有尺寸更小，与 PCB 接触点较多，接触面较大（有利于散热），引脚不容易变形等优点。

CSP 是一种封装面积小于或等于裸芯片面积的 120％的先进封装形式。CSP 的特点是体积小，可容纳的引脚数多，甚至可以应用在输入输出（I/O）点数超过 2000 的高性能芯片上。在引脚数相同的情况下，CSP 的封装面积不到 QFP 的十分之一、BGA 的三分之一。图 5-12 为 CSP 的封装外形。

CSP 的一般工艺流程是：圆晶片减薄、划片→芯片键合→引线键合→包封→在基片上安装焊球→测试、筛选→激光打标等。

多芯片封装（MCP）是将多块半导体裸芯片和其他元器件高密度组装在多层互连基板上，形成高密度、高可靠的芯片产品，是一种典型的混合集成组件封装。多芯片模块虽然可以提供极高的互连密度，但其高成本却限制了它的使用。在 MCP 基础上出现的系统内封装（SiP）正逐步成为主流。

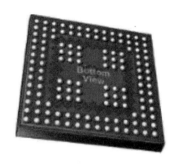

图 5-12　CSP 的封装外形

SiP 是一种基于单片系统（SoC）的新型封装技术，将堆叠在一起的多种功能芯片，包括处理器、存储器等功能芯片和无源元件封装在高性能基板上，实现完整的功能。与 SoC 技术相比，SiP 集成度高，成本低，非常适用于更新周期短的通信[47] 及电子消费级产品。SiP 见图 5-13。

图 5-13　SiP 模组和 SiP 芯片

SiP 实际上是多芯片封装（MCP）或芯片尺寸封装（CSP）的演进，可称其为层叠式 MCP、堆叠式 CSP。SiP 可将混合集成的无源元件封装于四侧引脚扁平式封装（QFP）的封装体中，有效地减少印刷电路板的尺寸，提高组装密度[48]。

半导体封装技术的发展历史可划分为四个阶段。

第一阶段是 20 世纪 70 年代前，以通孔引脚插装式为主，主要封装形式为 DIP。

第二阶段是 20 世纪 80 年代到 90 年代初，封装转向表面贴装式，从平面两侧引线转向四侧引线。PLCC（塑料有引线芯片载体）、PQFP（塑料方型扁平式封装）、QFN（四方无引脚扁平封装）等成为主流。

第三阶段是 20 世纪 90 年代到 2000 年初，封装从四侧引脚扁平封装转向球阵列封装。球阵列封装（BGA）迅猛发展成为主流封装形式。BGA 按封装基板不同可分为塑料焊球阵列封装（PBGA）、陶瓷焊球阵列封装（CBGA）、载带焊球阵列封装（TBGA）、带散热器焊球阵列封装（EBGA）以及倒装芯片焊球阵列封装（FCBGA）等。各种 BGA 如图 5-14 所示。为适应手机、笔记本电脑等便携式电子产品小、轻、薄、低成本等需求，在 BGA 的基础上又发展了芯片尺寸封装（CSP）。CSP 包括引线框架型 CSP、柔性插入板 CSP、刚性插入板 CSP、圆片级 CSP 等形式。

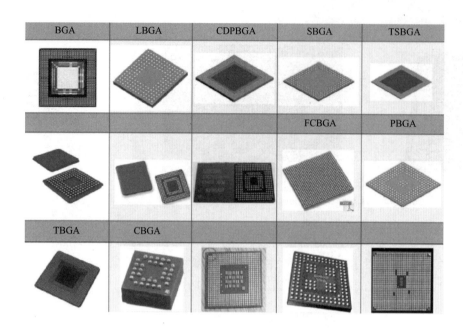

图 5-14 不同基板的 BGA

（LBGA 为低截面球阵列封装；CDPBGA 为空腔区球阵列封装；SBGA 为超级球阵列封装；

TSBGA 为薄型超级球阵列封装）

第四阶段为 2000 年以后，多芯片封装（MCP）和系统内封装（SiP）蓬勃发展。MCM（多芯片模块）按照基板材料的不同分为多层陶瓷基板（MCM-C）、多层薄膜基板（MCM-D）、多层印制板（MCM-L）和厚薄膜混合基板（MCM-C/D）等形式。SiP 使用成熟的组装和互连技术，把各种集成电路（如 CMOS 电路、GaAs 电路、SiGe 电路）或者光电子器件、MEMS（微机电系统）器件以及各类无源元件（如电阻、电容、电感）等集成到一个封装体内，实现整机系统的功能[49]，如图 5-15 所示。

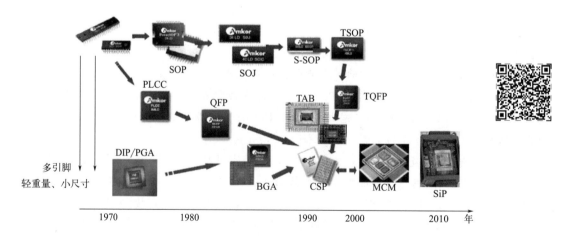

图 5-15 集成电路的封装演进历史

从 SOT 到 SiP，芯片的管脚数越来越多，管脚间距越来越小。

5.2 电气控制与 PLC

我们日常用电是交流电。交流电路中的电压、电流随时间按正弦周期变化。交流电的产生主要有两种方式，一种是由交流发电机产生，另一种是在电子电路中通过半导体电路的振荡器产生。交流电在远距离电能传输时，其线路损耗比直流电低得多。交流电电压越高，其线路损耗越低。且交流电的转换也极其方便。因此交流电在生产和日常生活中得到普遍使用。

我国发电厂和电力网生产、输送和分配的交流电都是三相交流电。电力系统中电厂发电机的额定电压一般为 15～20kV。输电线路的电压等级在 35～765kV 之间；配电线路的电压等级在 3～60kV 之间。生产生活中的电气设备使用的交流电的额定电压有两个等级：3～15kV 的高压用电设备和 380V（线电压）/220V（相电压）的低压用电设备。低压用电设备包括各类低压控制保护器、电动机、灯具、电器、机器等设备。电力系统是通过电力输配电系统的变压器进行升压或降压，把各个不同电压等级的部分连接起来形成一个整体。电力输配电系统由配电变电所、高压配电线路、配电变压器、低压配电线路及相应的控制保护设备组成。图 5-16 是一个三相四线制输配电系统示意图。

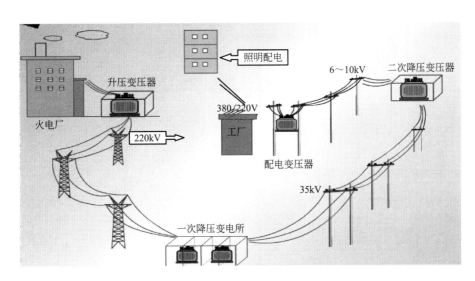

图 5-16　三相四线制输配电系统

在低压配电网中，我国广泛应用三相四线制或三相五线制 380V/220V 供电系统（TN系统），其中有三根相线（火线），一根零线（N），一根地线（PE 线）。三相四线制供电系统的配电线路采用三根相线和一根零线，零线和地线共用。三相五线制供电系统的零线和地线分开，仅在变压器中性点共同接地。

5.2.1 低压控制电器

低压控制电器是一种用于交流 1200V、直流 1500V 以下的电路中起通断、保护、控制或调节作用的电器，是一种电气控制保护设备。常用低压控制电器包括按钮、开关、接触器、继电器、断路器、熔断器等[50]。

国家标准化管理委员会参照国际电工委员会（IEC）颁布的有关文件，制定了 GB/T 4728《电气简图用图形符号》。表 5-2 列出了几种常用的低压电器图形符号、文字符号。

表 5-2　常用电器分类及图形符号、文字符号

分类	名称	图形符号、文字符号	分类	名称	图形符号、文字符号
电力电路的开关器件	刀熔开关	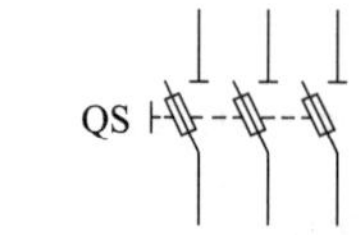 QS	控制、信号电路开关器件	行程开关	SQ
	手动开关	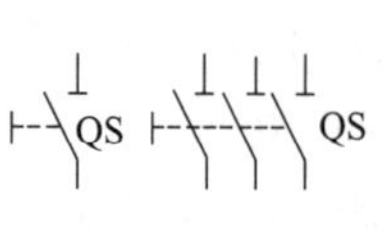 QS QS		接近开关	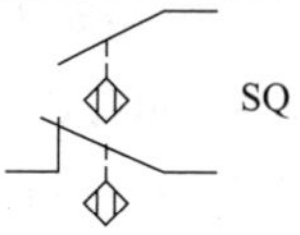 SQ
	组合开关	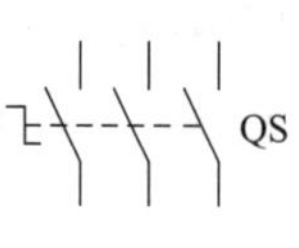 QS		万能转换开关	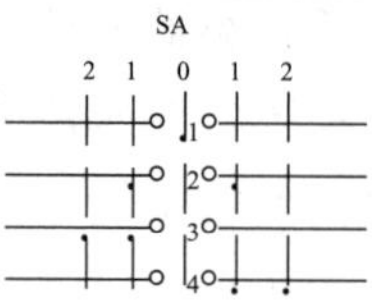 SA　2 1 0 1 2
保护器件	热继电器	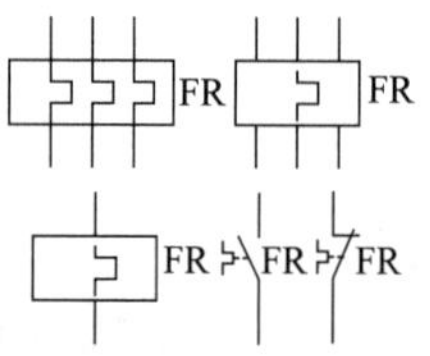 FR FR　FR FR FR		按钮	SB
				急停按钮	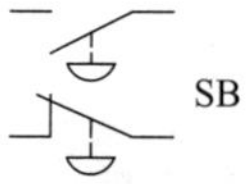 SB
	熔断器	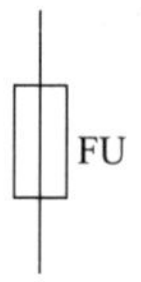 FU	继电器，接触器	中间继电器	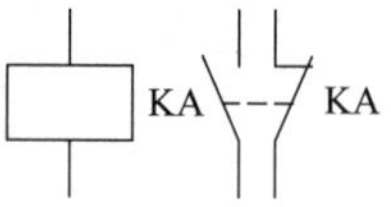 KA KA
	过电压继电器	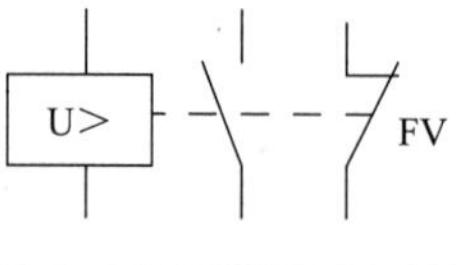 U> FV		通电延时型时间继电器	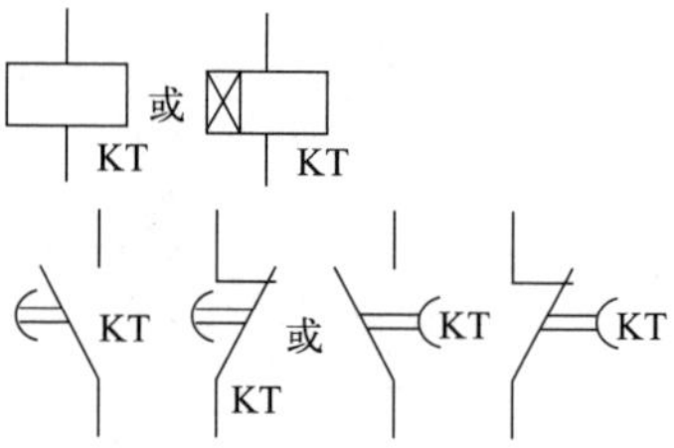 KT 或 KT　KT 或 KT KT　KT
	过电流继电器	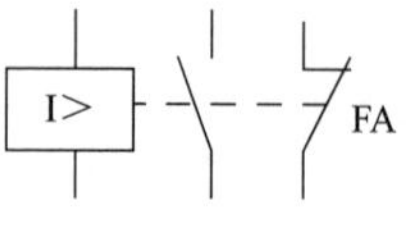 I> FA		断电延时型时间继电器	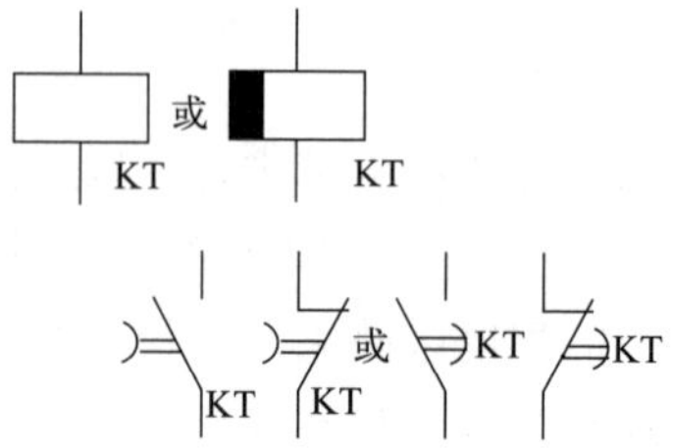 KT 或 KT　KT KT 或 KT KT
电器操作的机械器件	电磁铁	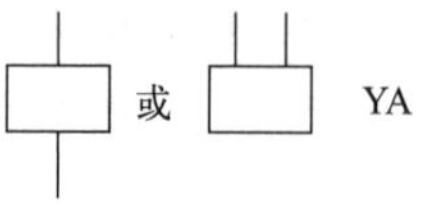 或 YA			
	电磁阀	或 或 YV		接触器	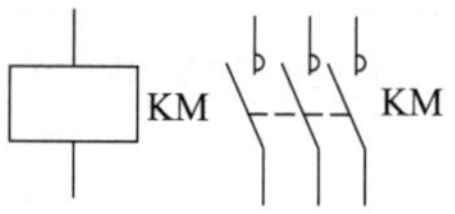 KM KM

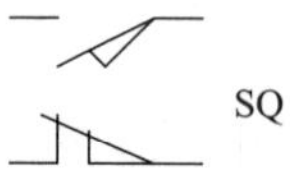

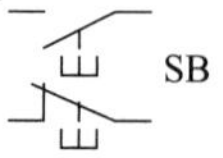

（1）接触器

接触器是一种通过控制接在控制电路中的辅助触点的通断来控制接在主电路中的主触点的通断以实现大容量设备自动控制目的的电器。接触器的主要控制对象是电动机。接触器一般由线圈、主触点、辅助触点、衔铁、铁芯、弹簧、灭弧罩等部分组成，主触点一般为常开触点。接触器分为交流接触器和直流接触器。

交流接触器一般用于远距离控制电压至380V、电流至600A的交流电路，主要用于控制交流电动机。交流接触器的主触点允许通过较大的电流，用于接通或切断主电路，辅助触点只允许通过较小的电流，使用时接在控制电路中。图5-17(a) 为两款常用的交流接触器。

直流接触器主要用在精密机床上的直流电机控制中，或远距离控制直流电路的通断，直流电动机的起停。图5-17(b) 为两款常用的直流接触器。

(a) 交流接触器　　　　　　　　　　　　(b) 直流接触器

图 5-17　交流接触器和直流接触器

（2）继电器

继电器是一种利用电流、电压、时间、温度等信号的变化来接通或断开所控制的电路，以实现自动控制或保护电气设备的电器。继电器的类型有中间继电器、时间继电器、热继电器等。

中间继电器的结构和工作原理与交流接触器基本相同，与交流接触器的主要区别是触点数目多，触点容量小。中间继电器的作用是将一个输入信号变成多个输出信号，当其他继电器的触头对数或容量不够时，可借助中间继电器进行扩充，以起到中间转换作用。图5-18为几种常用的中间继电器。

图 5-18　中间继电器

时间继电器是一种利用电磁原理或机械动作原理来延迟触头闭合或分断的自动控制电器，适用于定时控制。继电器的线圈通电或断电后，经过一段时间延时后触头才动作。图5-19为几种常用的时间继电器。时间继电器一般用于以时间为函数的电动机控制中。

图 5-19　时间继电器

热继电器的工作原理是流入热元件的电流所产生的热量使双金属片发生形变。当形变达到一定程度时，推动连杆动作，使控制电路断开，实现电动机的过载保护。图5-20为几种常用的热继电器。

图 5-20　热继电器

（3）自动空气开关

自动空气开关的作用相当于刀开关、过电流继电器、欠电压继电器、热继电器及漏电保护器等多种电气设备部分或全部功能的总和，是低压配电网中的一种重要的保护电器。图5-21为几种常用的空气开关。自动空气开关在电气控制电路和日常家用电路中使用极为广泛。

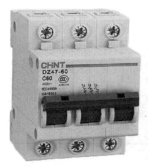

图 5-21　空气开关

（4）按钮和行程开关

按钮是一种常用的控制主令电器元件，常用来接通或断开控制电路，从而实现对电动机或其他电气设备的运行进行控制的一种电器。行程开关是一种利用机械运动部件的碰撞动作来发出控制指令的主令电器，主要用于控制生产机械的运动方向、行程大小和位置保护等。图 5-22 为几种常用的按钮和行程开关。

(a) 按钮   (b) 行程开关

图 5-22　按钮和行程开关

（5）熔断器

熔断器串联在保护电路中起短路保护作用。当电路短路时，电流很大，熔体立即熔断。熔断器也可作过载保护。

5.2.2　发电机与电动机

电机是用来实现电能与其他形式能量之间转换的设备。电机按工作方式分有发电机和电动机两种。按电源类型分为交流电机和直流电机两种。

（1）交流发电机

交流发电机利用电磁感应的原理产生交流电。发电机通常由定子、转子、端盖及轴承等部件构成。定子由定子铁芯、定子绕组、机座等构件组成。转子由转子绕组或磁极、护环、中心环及转轴等部件组成。转子安装在定子中。转子绕组的作用是产生磁场，定子绕组的作用是产生交流电流。交流发电机的工作原理见图 5-23。

发电机转子上的励磁绕组通电后会产生磁场，当原动机带动转子旋转时，定子绕组会在旋转磁场中做切割磁力线运动，从而感应电动势，形成交流电流。

发电机的电能是由其他形式的能源转换而来的。当前电力能源的来源主要有五种，即火电、水电、核电、风力发电和太阳能发电，此外还有生物质能、海洋潮汐能等发电形式。图 5-24 为几种发电厂和发电机组。

火电厂通过煤或天然气燃烧使锅炉产生蒸汽，利用蒸汽驱动汽轮机，从而带动发电机旋转。但火电厂使用的化石燃料燃烧后会排出二氧化碳，导致温室效应。

水电厂利用水库大坝的蓄水，利用水的压力、流速带动水轮机旋转，从而带动发电机旋转。但水电厂的兴建会破坏生态环境，水库大坝也存在安全风险。

核电厂是利用核反应堆中核裂变释放出的热能进行发电。它与火力发电极其相似，只是以核反应堆及蒸汽发生器来代替火力发电的锅炉。回路中的冷却剂通过核反应堆堆心加热后，将水变成高温、高压的蒸汽去推动汽轮机，从而带动发电机。核电在正常情况下固然是干净的，但万一发生核泄漏，后果是可怕的。

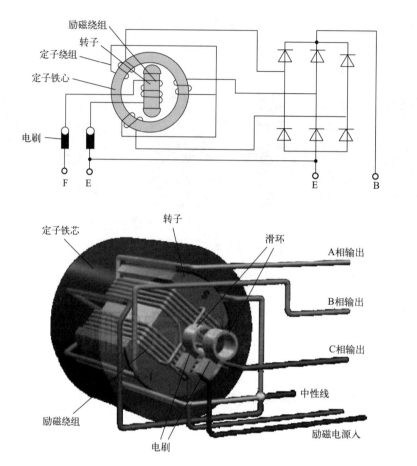

图 5-23　交流发电机的工作原理

风力发电是利用风力带动风轮叶片旋转，再通过增速机将旋转速度提升，来促使风力发电机组发电。风力发电机组的风轮转速在风速较低时能随风速改变，从而实现最大限度捕获风能，而在风速较高时允许发电机转速在额定转速附近波动，从而增加传动系统的柔性。当前主流的变速恒频风力发电机组是双馈型和全功率变换型风力发电机组[51]。风能作为一种清洁可再生能源，具有广泛的发展前景。

太阳能发电主要有太阳能光伏发电和太阳能热发电两种。太阳能热发电有五种类型：塔式系统、槽式系统、盘式系统、太阳池和太阳能塔热气流发电。太阳能光伏发电系统主要由太阳能电池板、蓄电池、控制器和逆变器组成[52]。太阳能电池主要有单晶硅太阳能电池、多晶硅太阳能电池和薄膜电池三类。单晶硅太阳能电池的光电转换效率最高，但成本高，其余两种成本低但转换效率也低。太阳能发电不会产生噪声、温室气体，太阳能是用之不竭的洁净能源。截至 2022 年底，全国累计发电装机容量 256405 万千瓦，其中，火电装机容量 133239 万千瓦、水电装机容量 41350 万千瓦、核电装机容量 5553 万千瓦，风电装机容量 36544 万千瓦，太阳能发电装机容量 39261 万千瓦[53]。

热电厂

水电厂

风电厂

太阳能电厂

核电厂

核电机组

图 5-24　发电厂和发电机组

（2）电动机

电动机主要由定子和转子两部分组成。它是利用励磁线圈（就是定子绕组）通电产生磁场，当转子绕组通电后在磁场的作用下产生电磁力矩，从而带动转子转动。

电动机按电源种类分为直流电动机和交流电动机，而交流电动机又分为单相交流电动机和三相交流电动机两类。电动机按用途分为驱动电动机和控制电动机，控制电动机包括步进电动机、伺服电动机（servomotor）等，伺服电动机又分为交流伺服电动机和直流伺服电动机（舵机）。电动机种类划分如图 5-25 所示。

直流电动机就是通过转子线圈中直流电流与磁场作用，产生电磁力，力矩带动转子旋转。但如果要保持力矩的方向始终不变，让转子连续转动，必须周期性地改变电流的方向，所以直流电动机需要换向器。直流电动机的工作原理见图5-26。

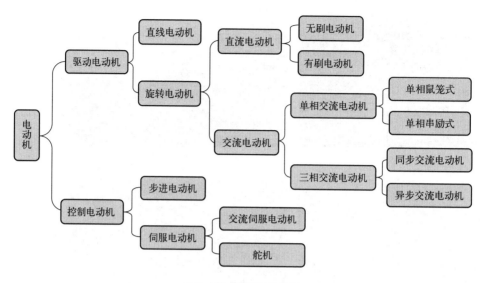

图 5-25 电动机的分类

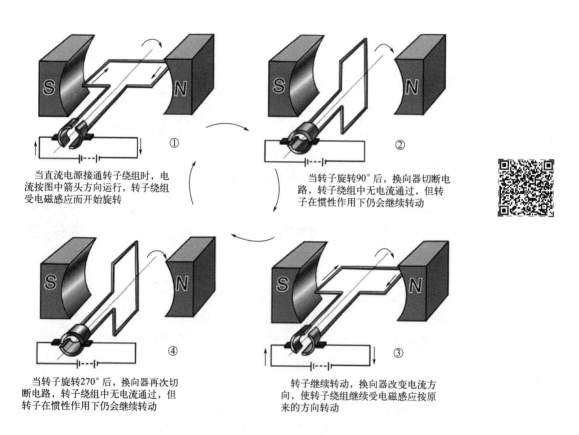

① 当直流电源接通转子绕组时，电流按图中箭头方向运行，转子绕组受电磁感应而开始旋转

② 当转子旋转90°后，换向器切断电路，转子绕组中无电流通过，但转子在惯性作用下仍会继续转动

④ 当转子旋转270°后，换向器再次切断电路，转子绕组中无电流通过，但转子在惯性作用下仍会继续转动

③ 转子继续转动，换向器改变电流方向，使转子绕组继续受电磁感应按原来的方向转动

图 5-26 直流电动机的工作原理图

单相交流电动机的定子绕组通入单相正弦交流电流时，会产生一个交变磁场。转子在交变磁场的作用下是无法旋转的，需要一个起动绕组去改变电动机的初始静止状态，转子才会顺着转动的方向旋转起来。

三相交流电动机的定子绕组通入三相电后在三相绕组线圈中产生一个旋转磁场。转子绕组在旋转磁场中做切割磁感线运动，产生感应电动势，从而在转子绕组中产生感应电流，感应电流与磁场作用产生电磁转矩，使转子旋转。

交流电动机转速高、功率大、用途广，广泛应用于家电、农机、机床、起重机械等。

步进电动机是一种将电脉冲信号转变为角位移的开环控制电机。步进电机应用极为广泛。电机的转速和转角取决于脉冲信号的频率和脉冲数。

伺服电动机是一种采用三环闭环控制方式来控制电机转动位置的电动机。伺服电动机通过编码器的反馈脉冲来检测电机转动的实际位置，伺服驱动器根据接收的反馈脉冲调整发送给电机的输入指令，从而精确地控制电机的转速和位置。伺服电动机由于定位精度高，广泛用于各种工业控制系统中。

舵机实际是一种带反馈环节的小型直流电动机。舵机采用传感器或编码器来检测电机的实际位置，通过控制器发出 PWM（脉冲宽度调制）信号控制旋转角度。

表 5-3 为各种类型的电动机的简要介绍。

表 5-3　各种类型的电动机

名称	特性	图示
单相交流电动机	分为单相鼠笼式和单相串励式。单相鼠笼式电动机的起动绕组一般串联电容或电阻后再接到单相交流电源，并与主绕组中的电流形成相位差。单相串励式电动机是通过励磁绕组产生磁场。单相交流电动机的调速方式有两种：调压调速和串联电容绕组抽头调速	
三相异步交流电动机	三相异步交流电动机的定子绕组接通三相交流电源后会产生旋转磁场从而带动转子旋转。特点是环境适应能力强，功率大，应用广。电机转子的转速与电机的转差率及交流电的频率成正比。三相异步交流电动机的调速方式主要有两种：变频调速、极对数调速	
三相同步交流电动机	三相同步交流电动机的转子转速与定子磁场旋转速度相同。三相同步交流电动机主要用作发电机。现在，汽轮机、水轮机大多使用同步电机。同步电机的调速方式有两种：他控变频调速、自控变频调速	

名称	特性	图示
直流电动机	直流电动机分为有刷直流电动机和无刷直流电动机。有刷直流电动机采用换向器实现电流的换向。无刷直流电动机采用霍尔效应传感器换向,通过电调周期性改变磁场的方向,实现转子连续不断转动。直流电动机通过调节电压调速,主要是使用 PWM 方式调速	
步进电动机	步进电动机是通过控制脉冲个数来控制转动的角位移量,从而达到准确定位。采取开环控制方式控制步进电动机的速度和位置。 步进电动机的位置控制方式是:控制脉冲频率	
交流伺服电动机	交流伺服电动机是一种闭环控制的电机(三环控制)。它通过光电编码器反馈电机的实际转动位置、速度,据此调整控制器的输出。特点是:精度高,高速性能好,抗过载能力强,电动机响应及时。交流伺服电动机的位置控制方式是:PWM 调速	
直流伺服电动机(舵机)	舵机实际是伺服电动机的简化版,将伺服电动机的三环控制简化成了一环,即只检测位置环。舵机的特点是:价格低廉、结构紧凑、精度低。主要用于机器人关节。舵机的位置控制方式有两种:PWM 调速、控制旋转角度	

5.2.3　可编程逻辑控制器

可编程逻辑控制器简称 PLC（programmable logic controller），国际电工委员会在 1987 年对 PLC 做了如下定义：可编程逻辑控制器（PLC）是一种专门为在工业环境下应用而设计的数字运算操作的电子装置。它采用可编程的存储器，用来在其内部存储执行逻辑运算、顺序控制、定时、计数和算术运算等操作的指令，并能通过数字式或模拟式的输入输出来控制各种类型的机械设备或生产过程。PLC 及其有关的外围设备都应该按易于与工业控制系统形成一个整体，易于扩展其功能的原则而设计。

5.2.3.1　PLC 的类型

PLC 按产地可分为日系、欧美系、韩台系、大陆系等。其中日系具代表性的为三菱、欧姆龙等；欧美系具代表性的为西门子、A-B、通用电气、德州仪器等；韩台系具代表性的为 LG、台达等；大陆系具代表性的为浙江中控等。

PLC 按点数可分为大型机、中型机及小型机。大型机一般输入输出（I/O）点数大于 2048 点，具有多中央处理器（CPU），代表性产品有西门子 S7-400、S7-1500 系列，通用电气公司的 GE-Ⅳ系列等。中型机一般 I/O 点数为 256～2048 点，单/双 CPU，代表性产品有西门子 S7-300 系列、三菱 Q 系列等。小型机一般 I/O 点数小于 256 点，单 CPU，有代表性的为西门子 S7-200、S7-1200 系列，三菱 FX 系列等。

5.2.3.2　PLC 的结构及各部分的作用

PLC 的结构多种多样，但其组成原理基本相同，都是以微处理器为核心的结构。PLC 通常由中央处理器、存储器、输入输出单元、电源和编程器等部分组成，如图 5-27 所示。

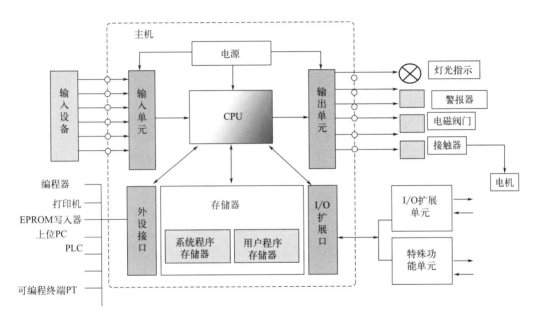

图 5-27　PLC 的结构

（1）中央处理器

CPU 一般由控制电路、运算器和寄存器组成，通过地址总线、数据总线、控制总线与存储单元、输入输出接口电路连接。CPU 的功能包括从存储器中读取、执行指令，处理中断。

（2）存储器

存储器主要用于存放系统程序、用户程序及工作数据。其中系统程序存储器存放系统软件；用户程序存储器存放应用软件；数据存储器存放工作数据。常用的存储器有 RAM（随机存储器）、EPROM（可擦除可编程只读存储器）和 Flash 存储器。

（3）输入输出单元（I/O 单元）

I/O 单元实际上是 PLC 与被控对象间传递输入输出信号的接口部件。I/O 单元采用光电耦合器将输入、输出与 PLC 的内部电路隔离，防止强电干扰。接到 PLC 输入接口的输入器件是各种开关、按钮、传感器等。PLC 的输出端往往接电磁阀、接触器、继电器、信号灯、控制器等。

（4）电源模块

PLC 电源模块包括系统的电源及备用电池，电源模块的作用是把外部电源转换成内部工作电压，用于对 PLC 的 CPU 和 I/O 单元供电。

5.2.3.3 PLC 的工作原理

PLC 采用循环扫描的工作方式，在 PLC 中用户程序按先后顺序存放，CPU 从 0000 号存储地址所存第一条指令开始执行程序，直到遇到结束符后返回第一条指令，如此周而复始。一个扫描周期包括三个阶段：输入刷新、程序执行、输出刷新，见图 5-28。

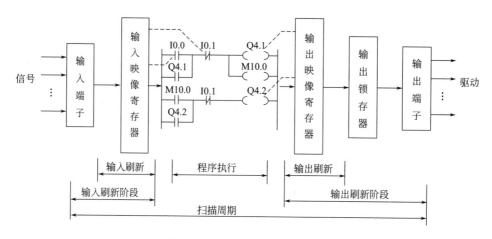

图 5-28　PLC 程序的扫描过程

（1）输入刷新

在此阶段，PLC 顺序读入所有输入端子的通断状态，并将读入的信息存入内存中相应的映像寄存器。

（2）程序执行

根据 PLC 梯形图程序的扫描原则，按先左后右、先上后下的步序，逐句扫描，执行程序。当遇到程序跳转指令时，PLC 根据跳转条件是否满足来决定程序的跳转地址。当用户程序涉及输入输出状态时，PLC 从输入映像寄存器中读出上一阶段写入的输入端的状态值，并将输出结果写入到输出映像寄存器。

（3）输出刷新

PLC 读取输出映像寄存器中的 Y 寄存器的状态，转存到输出锁存器，通过隔离电路，驱动外部负载。

5.2.3.4 PLC 的编程语言

可编程逻辑控制器编程语言的国际标准 IEC 1131-3 详细说明了可编程逻辑控制器采用的 5 种编程语言为：梯形图（LD）、指令表（IL）、功能块图（FBD）、顺序功能图（SFC）和结构化文本（ST）。其中最常用的是前三种。

（1）梯形图（LD）

梯形图是一种从继电器-接触器构成的电气控制电路图演变而来的一种图形语言。它是借助类似于继电器的动合、动断触点，线圈以及串联、并联等术语和符号，根据控制要求连接而成的表示 PLC 输入和输出之间逻辑关系的图形。梯形图由触点、线圈或功能块组成。梯形图左边一条竖线称为左母线，右边一条竖线称为右母线。触点代表输入条件 PLC 从寄存器中读取输入值；线圈代表输出结果，PLC 将输出结果写入寄存器中；功能块用来表示定时器、计数器或数学运算等附加指令。梯形图中编程元件的"动合"或"动断"的本质是 PLC 内部某一存储器数据"位"的状态；连线代表指令处理的顺序关系（从左到右，从上到下）。梯形图流向清楚、简单、直观、易懂。梯形图符号的含义见表5-4。

表 5-4　梯形图符号的含义

组成元素	含义	代表元件
触点	输入条件	开关、按钮、内部条件
线圈	输出结果	外部负载或内部输出
功能块	附加指令	定时器、计数器及各种运算

（2）指令表（IL）

指令表是一种利用指令助记符来表达 PLC 的各种控制功能的语言。它类似于计算机的汇编语言，但比汇编语言易懂易学。若干条指令组成的程序就是指令表。一条指令语句由步序、指令语和作用器件编号三部分组成。

（3）功能块图（FBD）

功能块图使用类似于布尔代数的图形逻辑符号来表示控制逻辑。功能块图用类似于与门、或门的方框来表示逻辑运算关系，方框的左侧为逻辑运算的输入变量，右侧为输出变量，输入、输出端的小圆圈表示"非"运算，方框被"导线"连接在一起，信号自左向右流动。

图 5-29 是使用西门子 PLC 实现三相电动机的起/停控制逻辑，分别采用梯形图、功能块图和指令表三种语言编写的程序。

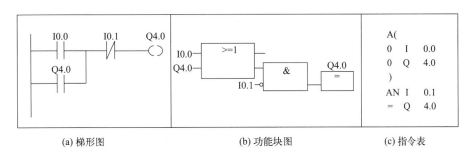

(a) 梯形图　　(b) 功能块图　　(c) 指令表

图 5-29　三种 PLC 编程语言比较

5.2.3.5 常用 PLC

（1）S7-200 PLC

S7-200 PLC 由 CPU 模块、扩展模块、电源模块和 STEP7-Micro/WIN32 编程软件等组成。CPU 模块包括中央处理器（CPU）、电源以及 I/O 模块，这些部件被集成在一个紧凑、独立的设备中。S7-200 CPU 模块常用型号有 CPU224、CPU226、CUP226XM，其系统结构见图 5-30。扩展模块包括模拟量 I/O 模块、数字量 I/O 模块、特殊功能模块和通信模块等。

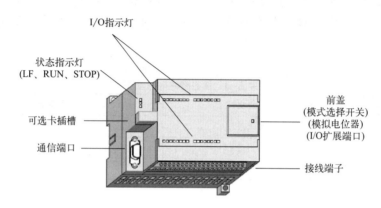

图 5-30　S7-200 CPU 模块系统结构图

（2）S7-300 的系统结构及三菱 FX3U PLC

S7-300 采用紧凑的无槽位限制的模块化结构，电源模块（PS）、CPU 模块、信号模块（SM）、功能模块（FM）、接口模块（IM）和通信处理器模块（CP）都安装在导轨上，见图 5-31。电源模块安装在机架的最左边，CPU 模块紧靠着电源模块，接口模块放在CPU 模块的右侧。

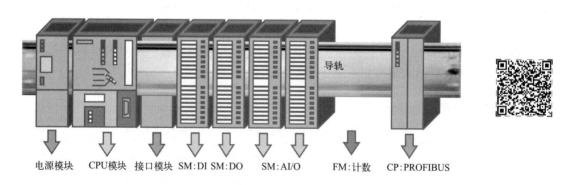

图 5-31　S7-300 模块系统装配图

（DI 为数字量输入；DO 为数字量输出；AI/O 为模拟量输入/输出）

图 5-32(a) 为西门子 S7-300 的 CPU 模块：CPU313C-2DP。S7-300 PLC 采用模块化结构，支持通过 PROFIBUS 总线构建网络，支持 I/O 点数可达 1024 点。

图 5-32(b) 为三菱 FX3U PLC。FX3U 是三菱公司的第三代 PLC。晶体管输出型的基本单元内置了 3 轴独立、最高频率 100kHz 的定位功能。支持 I/O 点数可达 384 点。

(a)   (b)

图 5-32　西门子 S7-300 的 CPU 模块（a）和三菱 FX3U PLC（b）

5.3　集成电路工艺

5.3.1　集成电路产业概述

集成电路产业链细分为三大领域五个环节：芯片设计、晶圆制造、芯片制造、芯片封装、测试[54]。集成电路产业链流程是以芯片设计为主导，由芯片设计公司设计出集成电路版图，然后委托光罩厂制作光掩模版（光罩），芯片制造公司再依照光掩模版制造芯片。晶圆厂生产晶圆提供给芯片制造公司。芯片生产出来后再委托封装厂进行封装测试，然后销售给整机厂组装成产品。图 5-33 为集成电路生产流程。

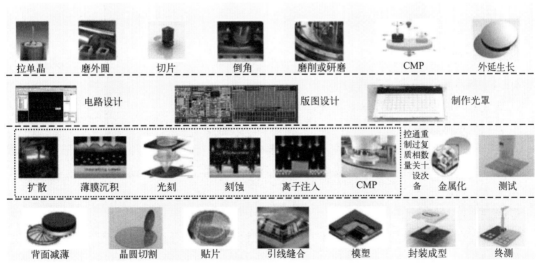

图 5-33　集成电路芯片制造全工艺流程

其中 28nm 及以下的先进制程所用的光掩模版大部分由芯片制造公司自己的专业光罩厂内部生产，如英特尔、台积电、三星、中芯国际等公司。

集成电路制造全工艺流程的四个环节如图 5-34 所示。

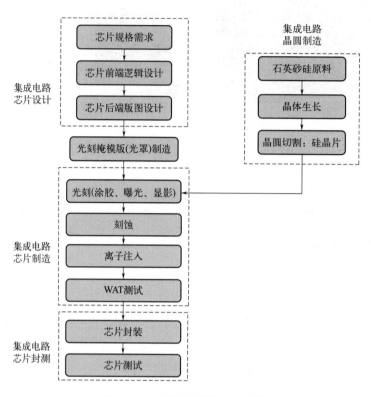

图 5-34　集成电路芯片生产流程

5.3.2　集成电路设计

5.3.2.1　集成电路的设计方式

集成电路的设计方式有以下几种。

（1）全定制设计

全定制设计是基于晶体管级的设计。需要定义芯片上所有元器件的几何图形和工艺规则，电路版图设计完成后交由集成电路厂家制作光掩模版。全定制设计的特点是芯片面积利用率高、功耗低。

（2）半定制设计

半定制设计又可分为门阵列设计、标准单元设计、可编程逻辑器件设计、系统集成芯片设计。

门阵列设计：一种利用门阵列母片实现特定功能集成电路的半定制设计方法。门阵列设计技术是 20 世纪 80 年代初兴起的一种 ASIC（application specific integrated circuit，专用集成电路）快速自动化设计的技术。

标准单元设计：一种利用已设计好、经过测试并具有一定逻辑功能的标准单元电路来设计集成电路的设计方法。标准单元已完成紧凑布局布线，并经过优化和严格的测试，存放在数据库中供设计时使用。

可编程逻辑器件设计：一种采用诸如 FPGA（field programmable gate array，现场可编程门阵列）一类的逻辑器件，通过对器件进行编程来实现所需要的逻辑功能的设计方法。

系统集成芯片设计：一种以 IP 模块复用为基础，把已优化含有多种功能单元的系统级模块集成在一块芯片上的设计方法。

5.3.2.2　模拟集成电路设计流程

模拟集成电路设计技术作为经典和传统的工艺形式，仍然是许多复杂高性能系统中不可替代的设计方法。模拟集成电路的设计流程包括 7 个步骤。

① 系统规格定义；

② 行为描述、电路设计；

③ 电路仿真模拟；

④ 版图实现；

⑤ 版图物理验证；

⑥ 参数提取后仿真；

⑦ 导出设计文件（GDSII）、流片。

设计流程开始于系统规格定义，在这个阶段需要明确设计的具体要求和性能参数。接下来就是电路设计、电路模拟仿真，根据仿真结果对电路进行改进，这个过程反复进行。一旦仿真结果满足设计要求就需要进行电路的版图设计。版图完成并经过物理验证后，需要考虑布局布线形成的寄生效应，再次进行仿真验证。如果仿真结果满足设计要求就可以导出设计文件。下面详细描述设计流程。

（1）系统规格定义

集成电路芯片的规格要求，包括需要实现的功能、性能、面积尺寸、功耗等。

（2）行为描述、电路设计

选择合适的工艺库，然后合理地构建系统，设计电路的原理图。

（3）电路仿真模拟

借助电路仿真工具进行电路性能的评估和分析，依据电路仿真结果来修改晶体管参数，依据工艺库中参数的变化来确定电路的工作区间和限制、验证环境因素的变化对电路性能的影响，最后通过仿真结果指导下一步的版图实现。

（4）版图实现

版图是集成电路的物理几何图形的描述形式。版图设计过程中需要考虑设计规则、匹配性、噪声、串扰、寄生效应等对电路性能和制造性的影响。

（5）版图物理验证

对完成布线的物理版图进行功能和时序上的验证检查。验证项目包括：设计规则检查（DRC）、电气规则检查（ERC）、版图与原理图对比（LVS）、后仿真（POSTSIM）等。DRC 检查线距、线宽等是否满足工艺要求。ERC 检查短路和开路等电气规则违例。LVS

工具从版图中提取包含电气连接属性和尺寸大小的电路网表，然后与原理图得到的电路网表进行比较，检查两者是否一致。

（6）参数提取后仿真

原理图的仿真是"前仿真"；加入版图中的寄生信息进行的仿真是"后仿真"。模拟集成电路比数字集成电路对寄生参数更加敏感。与前仿真一样，当结果不满足要求时需要修改晶体管参数，甚至某些地方的结构。

（7）导出设计文件（GDSII）、流片

数据通过后仿真后，设计流程的最后一步就是导出版图数据（GDSII）文件，将该文件提交给晶圆代工厂，就可以进行芯片的制造了。

5.3.2.3 模拟集成电路 EDA（电子设计自动化）工具分类

电路设计、电路仿真模拟、版图实现、版图物理验证及参数提取后仿真是模拟集成电路设计的几个重要环节，都需要使用 EDA 设计工具来完成。

（1）电路设计及仿真模拟工具

电路设计及仿真模拟的传统工具主要有美国 Cadence 公司的 Spectre，Synopsys 公司的 Hspice 以及 Mentor 公司的 Eldo 三大类。为了满足大规模、快速仿真的需求，三家公司又分别开发了快速电路仿真工具，分别是 Cadence 公司的 Spectre Ultrasim、Synopsys 公司的 Hsim 以及 Mentor 公司的 Premier[55]。

① Spectre。Spectre 是 Cadence 公司开发的用于模拟集成电路、混合信号电路设计和仿真的 EDA 软件，包含直流仿真、瞬态仿真、交流小信号仿真、零极点分析、噪声分析、周期稳定性分析和蒙特卡罗分析等功能，并可对设计仿真结果进行成品率分析和优化。尤其是其具有图形界面的电路图输入方式和丰富的元件应用模型库，成为目前最为常用的模拟集成电路设计工具。Cadence 公司还与各大晶圆厂合作建立了仿真工艺库文件 PDK。Spectre 还提供了与其他 EDA 仿真工具（如 Hspice、安捷伦 ADS、Matlab 等）进行协同仿真的功能。

② Hspice。与 Spectre 图形界面输入方式不同，Hspice 通过读取电路网表以及电路控制语句的方式进行仿真，是目前公认仿真精度最高的模拟集成电路设计工具。与 Spectre 类似，Hspice 包含直流仿真、瞬态仿真、交流小信号仿真、零极点分析、噪声分析、傅里叶分析、最坏情况分析和蒙特卡罗分析等功能。

③ Eldo。Eldo 使用与 Hspice 相同的命令行方式进行仿真，也可以集成到电路图编辑工具环境中。Eldo 的输入文件格式与 Hspice 一样。Eldo 可以方便地嵌入其他仿真平台中。Eldo 的输出文件可以被其他多种波形观察工具查看和计算，自身提供的 Xelga 和 EZ-Wave 更是功能齐全和强大的两个波形观察和处理工具。

（2）版图实现工具

版图实现工具目前主要是 Cadence 公司的 Virtuoso Layout Editor，此外还有 Synopsys 公司的 Laker 工具等。

① Virtuoso Layout Editor。Virtuoso Layout Editor 是目前应用最为广泛的版图实现工具。它与各大晶圆厂合作，可以识别不同的工艺层信息，支持定制专用集成电路、单元与模块级设计，并采用空间型布线技术，快速而精确地完成版图设计工作。Virtuoso Layout Editor 主要具有以下几个特点。

a. 在器件、单元及模块级能快速定制模拟集成电路设计版图布局。

b. 支持约束和电路原理图驱动的物理版图实现。

c. 在提交原理图或者需要对标准单元进行修改时，快速标准单元功能可以将布局性能提高 10 倍。

d. 提供高级节点工艺与设计规则的约束驱动执行。

② Laker。Laker 创造性地引入了电路图驱动版图技术，即实现了与印制电路板 EDA 工具类似的电路图转换为版图的功能。可以通过电路图直接导入形成版图，利用器件之间互连的预布线可以大幅度减少人工连线造成的错误。此外，Laker 还具有：a. 电路图窗口和版图窗口同时显示的功能，方便实时查看器件状况和连接关系；b. 自动版图布局模式将电路图中的器件快速布置到合适位置；c. 实时的电气规则检查、高亮正在操作的版图元件，避免了常见的短路和断路错误。

（3）版图物理验证及参数提取后仿真工具

版图物理验证主要包含 DRC、LVS 和 PEX 三部分。其中，DRC 主要进行版图设计规则检查，也可以进行部分 DFM（可制造设计）的检查（比如金属密度、天线效应）。LVS 主要进行版图和原理图的比较，确保后端设计同前端设计的一致性。PEX 主要用于寄生参数的提取。版图物理验证及参数提取后仿真工具主要有 Cadence 公司的 Assura，Synopsys 公司的 Hercules 和 Mentor 公司的 Calibre。

① Assura。Assura 可以看作是 Spectre 中自带版图物理验证工具 Diva 的升级版，通过设定一组规则文件，支持大规模电路的版图物理验证、交互式和批处理模式。

② Calibre。Calibre 是目前应用广泛的深亚微米及纳米设计中版图物理验证的 EDA 工具，可以很方便地嵌入版图实现工具 Virtuoso 和 Laker 中。Calibre 采用图形化界面，提供了快速准确的设计规则检查（DRC）、电气规则检查（ERC）以及版图与原理图对比（LVS）功能。Calibre 采用层次化架构，有效地简化了复杂的 ASIC/SoC 设计物理验证的难度。它可以根据直观的物理验证结果迅速准确地定位错误位置，且与版图设计工具之间紧密集成，实现交互式修改、验证和查错。Calibre 的并行处理能力支持多核 CPU，能够显著缩短复杂设计的验证时间。

5.3.2.4 数字集成电路设计流程

数字集成电路设计流程主要分为前端设计和后端设计两大部分。前端设计主要包括功能与结构设计、RTL（寄存器传输级）代码设计、RTL 级仿真验证、逻辑综合与优化、门级仿真验证、静态时序分析。后端设计包括布局规划、布线、后静态时序分析及版图物理验证[56]。设计流程如图 5-35 所示。

前端设计主要是将电路的功能转换为硬件描述语言代码，然后将代码综合成门级电路。后端设计主要完成版图的布局布线和后仿真验证。测试布局布线后电路产生的时延对整个系统的影响，验证电路的功能和时序是否满足设计要求。

（1）功能与结构设计

功能与结构分析设计属于行为级描述，主要是对产品采用的工艺、功耗、面积、功能、性能及成本等进行初步评估，制定相应的设计规划。

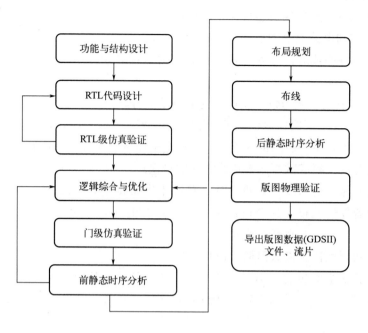

图 5-35 数字集成电路设计流程

（2）RTL 代码设计

RTL 代码设计属于晶体管级描述，主要根据设计规划使用 SystemC 硬件建模语言对电路的构架模型进行建模仿真。使用硬件描述语言（Verilog 或 VHDL）描述相应的电路原理图，生成 RTL 代码。

（3）RTL 级仿真验证

RTL 级仿真主要通过仿真检查设计功能是否符合设计要求。仿真验证通常是在仿真器中输入测试基准程序（Testbench），有选择地观察相应输出信号的变化，判断输出信号是否正确。根据仿真验证的结果对设计方案进行修改。设计和仿真验证反复迭代，直到验证结果完全符合设计规格标准。

（4）逻辑综合与优化

逻辑综合是通过逻辑综合工具将用硬件描述语言描述的 RTL 级电路转换成与实现工艺相关的门级网表。网表文件是一种用来记录逻辑门之间连接关系以及延时信息的文件。逻辑综合主要包括三个阶段：转换、优化与映射。转换是将高层语言描述的电路用门级逻辑来实现，构成初始的未优化电路。优化与映射是对已有的初始电路进行分析，去掉冗余单元，对不满足限制条件的路径进行优化，然后将优化后的电路映射到由制造商提供的工艺库上。

（5）门级仿真验证

进行版图设计之前需要通过仿真来检查设计功能是否符合要求。仿真时需要把逻辑综合产生的网表文件添加到仿真文件中并添加到编译工艺库中。门级仿真比 RTL 级功能仿真能更真实地反映电路的工作情况。

（6）前静态时序分析

前静态时序分析（STA）是通过套用特定的时序模型，验证设计的电路时序是否正确，检查电路是否存在建立时间和保持时间的违例。前静态时序分析只是对电路时序的初步验证。

完成上述这些设计步骤后接下来就是后端设计，详细流程见图5-36。

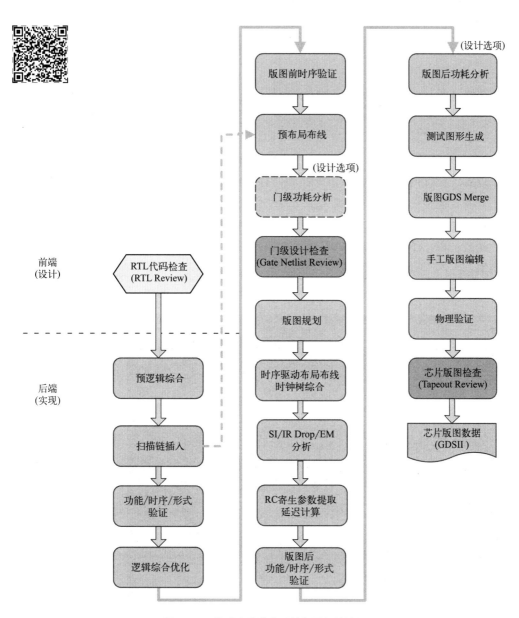

图 5-36　集成电路芯片后端版图设计流程

（7）布局规划

布局规划是后端设计的第一步，需要在总体上确定各种功能电路单元（如 IP 模块、宏单元模块、I/O 单元等）的摆放位置，如 I/O 单元应该放在芯片四周。

（8）布线

根据电路的连接关系（连接表）在指定区域（面积、形状、层次）完成连线，包括各种标准单元（基本逻辑门电路）之间的连线。布线阶段要求布线均匀，优化连线长度，保证布通率。时钟信号需要采用时钟树综合（CTS）单独布线。

（9）后静态时序分析

这个阶段的静态时序分析需要加入版图后的连线信息，此时电路间的延迟会大大增加。后静态时序分析的目的是验证设计的版图能否满足预设的时序要求。

（10）版图物理验证

版图物理验证主要包括功能验证和时序验证两方面。验证项目包括 LVS、DRC、ERC、POSTSIM。LVS 是对版图与逻辑综合后的门级电路图进行对比验证。DRC 检查连线间距、连线宽度等是否满足工艺要求。ERC 检查短路和开路等电气规则违例。POSTSIM 提取实际电路版图参数，生成带寄生量的器件级网表，然后进行门级逻辑模拟或电路模拟，以验证设计的电路功能的正确性和时序性能。后仿真验证主要是对时序进行仿真。时序仿真需要模拟一些在 RTL 级无法出现的情况，如复位、状态机翻转等。

物理版图验证完成也就意味着整个芯片设计完成，物理版图以 GDSII 的文件格式交给芯片制造公司。图 5-37 为 TSMC 的一款采用数字 EDA 工具设计完成的 802.11n Wi-Fi 芯片版图。

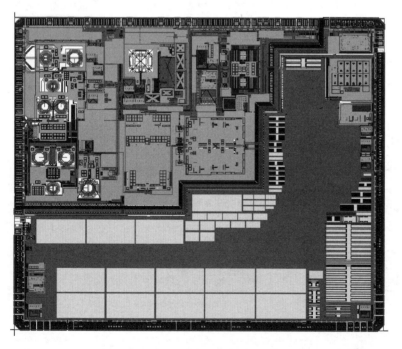

图 5-37　802.11n Wi-Fi 芯片版图（TSMC 65nm 1P7M 工艺）

实际的后端流程还包括电路功耗分析和 DFM（可制造性设计）。实际上在纳米制程工艺下进行电路设计、逻辑综合、布局布线、寄生参数提取、物理验证和芯片测试等每一阶段都需要加入 DFM 功能。为了得到可接受的性能和成品率，整个设计流程都应该贯彻 DFM 思想[57]。

5.3.2.5　数字集成电路 EDA 工具

（1）RTL 级功能仿真工具

目前主流的 RTL 级功能仿真工具包括 Mentor 公司的 Modelsim、Synopsys 公司的 VCS（Verilog Compiled Simulator）、Cadence 公司的 NC-Verilog、Altera 公司的 Quartus Ⅱ和 Xilinx 公司的 ISim 以及华大九天的电路仿真工具。

① Modelsim。在 RTL 级功能仿真领域，Mentor 公司的 Modelsim 是应用最为广泛的 HDL 语言仿真软件，是支持 VHDL 和 Verilog 混合仿真的仿真器。Modelsim 采用直接优化的编译技术和单一内核仿真技术，编译仿真速度快，编译的代码与平台无关，便于保护 IP 核。其个性化的图形界面和用户接口，是目前数字集成电路设计首选的仿真软件。Modelsim 可以单独或同时进行行为级、RTL 级和门级代码的仿真验证，并集成了性能分析、波形比较、代码覆盖、虚拟对象、Memory 窗口、源码窗口（具有显示信号值和信号条件断点等众多调试功能）；同时还加入了对 SystemC 编译语言的直接支持，使其可以和 HDL 任意进行混合编程。

② VCS。VCS 是 Synopsys 的编译型 Verilog 模拟器，具有高性能、高精度的特点，适用于从行为级、RTL 级到流片等各个设计阶段。VCS 可以方便地集成到 Verilog、SystmVerilog、VHDL 和 Openvera 的测试平台中，用于生成总线通信以及协议违反检查。同时自带的监测器用于显示对总线通信协议的功能覆盖率。

③ NC-Verilog。NC-Verilog 是 Verilog-XL 的升级版。NC-Verilog 在编译时首先将 Verilog 代码转换为 C 程序，再将 C 程序编译到仿真器中。它兼容了 Verilog-2001 的大部分标准。目前在 64 位操作系统中，NC-Verilog 可以支持超过 1 亿门的芯片设计。

（2）逻辑综合工具

在逻辑综合工具领域，Synopsys 公司的 DC（Design Compiler）目前得到全球 60 多个半导体厂商、380 多个工艺库的支持，占据了近 91% 的市场份额。其次是 Mentor 公司的 RealTime-Designer。DC 工具可以根据设计描述、约束条件以及特定的工艺库自动综合出一个优化的门级电路。它可以接受多种输入格式，如硬件描述语言、原理图和网表等，产生多种性能报告。新版本 DC 还扩展了拓扑技术，用于帮助正确评估芯片的功耗。新版本 DC 还采用了多项创新综合技术，如自适应重计时和功耗驱动门控时钟。此外，DC 采用可调至多核处理器的全新可扩展基础架构，在四核平台上可产生双倍的综合运行时间。

（3）静态时序分析工具

Synopsys 公司的 PrimeTime 是目前集成电路设计公司唯一通用的静态时序分析工具。PrimeTime 是一种标准的门级静态时序分析工具，可以在 28nm 及以下工艺节点上对高达 5 亿个晶体管的设计进行分析。此外，PrimeTime 还提供拓展的时序分析检查、片上变量分析、延迟计算和先进的建模技术，并且支持大多数晶圆厂的晶体管模型。新版的 PrimeTime 能对信号完整性、片上变量变化以及门级功耗进行分析，极大地加速了设计阶段的流片进程。

（4）版图布局布线工具

Synopsys 公司的 IC Compiler（ICC）和 Cadence 公司的 SoC Encounter 是工业界和学术界常用的两种版图布局布线工具。

① IC Compiler。IC Compiler 是 Synopsys 公司开发的新一代布局布线工具，用于替代前一代布局布线工具 Astro。IC Compiler 的扩展物理综合技术将物理综合扩展到了整个布局和布线过程。IC Compiler 作为一套完整的布局布线设计工具，它包括了实现下一代设计所必需的一切功能，如物理综合，布局、布线，时序分析，信号完整性优化，低功耗，可测性设计和良率优化等。相比 Astro，IC Compiler 运行时间更快、容量更大、更智能，设计效率更高。同时，IC Compiler 还推出了支持 28nm 及以下技术的物理设计功能。IC Compiler 正成为越来越多集成电路设计公司的理想选择。

② SoC Encounter。SoC Encounter 不仅仅是一个版图布局布线工具，它还集成了一部分逻辑综合和静态时序分析的功能。作为布局布线工具，SoC Encounter 在支持 28nm 先进工艺的同时，还支持 1 亿门晶体管的全芯片设计。SoC Encounter 可以在设计过程中自动划分电压域，并插入电压调整器来平衡各个电压值，同时对时钟树综合、布局、布线等流程进行优化。此外，SoC Encounter 在 RTL 转换成 GDSII 的过程中还可以执行良率分析，评估多种布局布线机制、时序策略、信号完整性、功耗对良率的影响，最终得到最优的良率设计方案。

5.3.3　集成电路制造

集成电路制造工艺分为前道工艺和后道工艺。前道工艺以晶圆制造为起点，以在晶硅片上制成各种集成电路元件为终点。集成电路前道工艺（设备）主要包括光刻（光刻机）、刻蚀（刻蚀机）、薄膜生长（PVD——物理气相沉积、CVD——化学气相沉积等薄膜设备）、扩散（扩散炉）、离子注入（离子注入机）、平坦化（CMP 设备）、金属化（ECD 设备）、干湿法工艺（干湿法工艺设备）、清洗（清洗机）等[58]。具体流程和所用设备如图 5-38 所示。

后道工艺主要实现各独立器件的金属（铜和铝）互联。后道工艺开始于第一层金属材料沉积，在此基础上使用物理或化学气相沉积的方法覆加多层金属薄膜，形成接触、互联、通孔和绝缘层。

5.3.3.1　晶圆制造

制备芯片的原料是晶圆（wafer）。晶圆也称硅片，是指硅半导体集成电路制作所用的硅晶片。制备晶圆的过程包括晶体生长、晶圆切割等步骤[59]。

（1）晶体生长

常用三种不同的方法来生长单晶：直拉法、液体掩盖直拉法和区熔法。直拉法晶体生长需要高精度的拉晶系统。石英砂（主要成分二氧化硅）经过提炼、氯化、蒸馏后，被制成高纯度的多晶硅，其纯度高达 99.999999999％。再加入少量的"掺杂剂"如砷、硼等，一同放入高温单晶炉中进行熔解。单晶炉见图 5-39。

多晶硅块及掺杂剂熔化以后，将一根长晶线缆作为籽晶，插入熔化的多晶硅底部。然后，旋转线缆并慢慢拉出，最后将其冷却结晶，就形成圆柱状的单晶硅晶棒，也就是硅锭。此过程称为"长晶"。硅棒一般长 3 英尺（1 英尺＝0.3048 米），直径有 6 英寸（1 英寸＝0.0254 米)、8 英寸、12 英寸等不同尺寸,2008 年后 12 英寸成为市场主流。

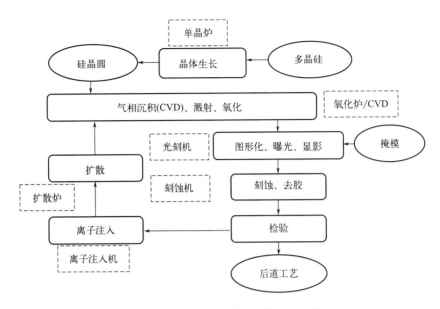

图 5-38 集成电路制造前道工艺流程及设备

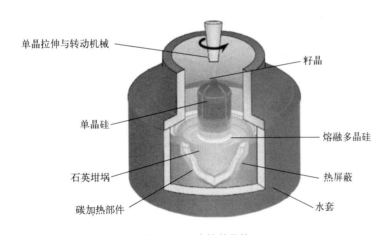

图 5-39 直拉单晶炉

（2）晶圆切割

经过硅晶棒整型、晶体定向、晶面标识三步工艺后,利用特殊的内圆刀片将硅晶棒切成具有精确几何尺寸的薄晶圆。再经过抛光、研磨、清洗、包装,即成为集成电路芯片的基本原料——硅晶圆片[60]。晶圆制造的流程见图 5-40。

5.3.3.2 光刻

光刻工艺是集成电路制造中使用最频繁、最复杂和关键的工艺,占据工艺产线支出的 70%,决定着制造工艺的先进程度。光刻是一种电路图形印制和化学腐蚀相结合的精密表面加工技术。光刻的过程是:在薄膜淀积之后,在晶圆片表面涂一层光刻胶,然后光线透

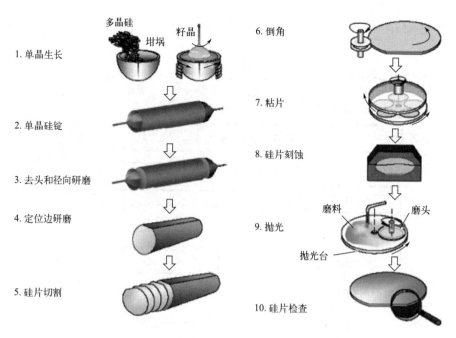

图 5-40 集成电路晶圆制造流程

过光掩模版对硅片进行曝光、显影、烘干，利用光刻胶在紫外光下发生化学反应的特性，从而将掩模版上的图形转移到晶圆片上。之后进行刻蚀，除去光刻胶之后，就在薄膜上得到了所需要的图案。

光刻工艺主要经过 8 道工序：气相成底膜（HMDS 表面处理）、旋转涂胶、软烘（曝光前烘焙）、对准和曝光、曝光后烘焙、显影、竖膜（显影后烘焙）、显影后检查（测量）[61]。光刻工序如图 5-41 所示。

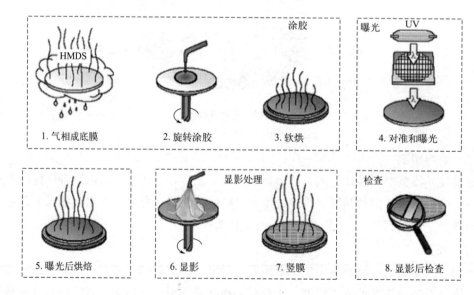

图 5-41 光刻的常见 8 道工序

光刻工艺类似于传统照相过程，主要包括图形化、曝光和显影三道工序。

图形化是要制作带有图形的可复制的掩模版（光罩）。曝光是利用高精度光学系统透过掩模版对衬底表面的光刻胶进行选择性曝光，从而将掩模版上的图形转移到衬底表面的光刻胶上。最常用的曝光方式是投影式曝光。显影则是把曝光后的光刻胶用显影液腐蚀掉，在对曝光后的硅片进行显影处理之后，光掩模版上的图形就"复印"到了硅片上。之后，对带有显影图形的硅片进行相应的工艺操作，如进行干湿法刻蚀、离子注入等工艺。最后将残留在硅片上的光刻胶除去并进行硅片清洗，然后进入到下一步工序。

光刻工艺与三个重要部分密切相关：掩模版、光刻胶及光刻机。

（1）掩模版

集成电路制程中需要几十次光刻，而每次光刻都需要独立的光掩模版。光掩模版的基底多为高纯度的石英玻璃，构成掩模的材料多为铬，它以溅射或蒸发的方式淀积到晶圆片上。掩模版的制作使用电子束和激光曝光的方式。

（2）光刻胶

光刻胶是一种被涂在硅片表面、只对某一波长的光敏感的高分子感光材料。它通过吸收光引起化学反应将掩模版上的图形以曝光的方式转移到硅片表面。

（3）光刻机

光刻工艺通过光刻机完成。光刻机被誉为半导体产业皇冠上的明珠。光刻机主要由成像系统和定位系统组成。光刻机的主要机台包括两部分：轨道机（用于涂胶显影）和扫描曝光机。一套光刻机包括光源、镜头、双工作台、浸没系统等核心组件及光刻胶、光掩模版、涂胶显影设备等配套设施。光刻机技术难度大，单台成本高。目前最先进的光刻机是EUV（极紫外）光刻机，世界上仅有荷兰 ASML 公司能生产 EUV 光刻机。图 5-42（a）是 ASML NXE 3350B EUV 光刻机的实物图。光刻机的结构如图 5-42（b）所示。其激光器能产生深紫外光或极紫外光。

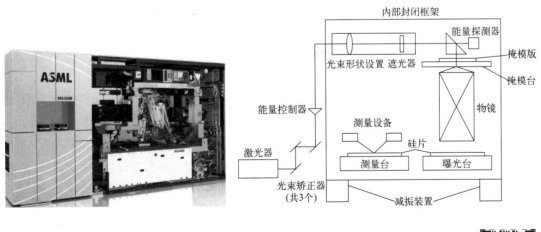

图 5-42　ASML NXE 3350B EUV 光刻机（a）和光刻机结构框图（b）

光刻机的工作原理如图 5-43 所示[62]。

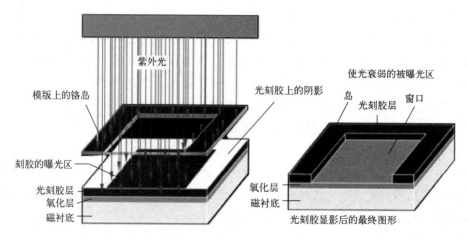

图 5-43　负性光敏材料光刻原理

首先感光性很强的光刻胶被均匀地旋涂到晶圆表面，经烘焙加热后去除晶圆表面的湿气，以提高灵敏度。然后光刻机采用类似照片冲印的技术，把掩模版上的精细图形通过光线曝光印制到硅片上。被紫外光曝光后的光刻胶区域将在显影液中软化并被溶解、洗除，没有被曝光的光刻胶被硬化，保留在晶圆上，形成跟掩模版上图形一样的图案。

光刻技术直接决定了集成电路的特征尺寸（光刻线宽与光刻机曝光波长成正比，与成像系统数值孔径成反比），是摩尔定律演进的核心驱动力之一。

简单介绍几种光刻技术。

（1）深紫外光刻

深紫外光刻采用波长 193nm 紫外光，在成熟和先进制程中广泛使用，特别是与浸没式光刻技术结合后通过缩小光源的波长可进一步改善分辨率，用于 10～130nm 制程。虽然 193nm 浸没式光刻 + 多重曝光从技术上仍可实现 7nm 以下制程，但工艺复杂度直线上升，造成难以解决的良率和成本问题。

（2）极紫外光刻（EUVL）

极紫外光刻采用波长为 13.4nm 的软 X 射线进行光刻，大幅提升光刻分辨率。EUV 光刻机成为 7nm 及以下制程的首要选择。在 7nm 节点，EUV 光刻工艺步骤是 193nm 浸没式光刻的 1/5，光刻次数是浸没式光刻的 1/3。

由于极紫外光非常容易被吸收，所以光学系统（透镜等）和掩模版均采用反射的方式传递图形信息。图 5-44 为极紫外光刻技术原理图。

随着摩尔定律继续延伸，EUV 光刻主要是按照两个方向演进：一是在 3nm 节点，采用双重曝光；另一个是在 2.1nm 节点，提高 EUV 数值孔径（NA）。2023 年 12 月 ASML 的第二代 High-NA EUV 光刻机完成交付。

（3）电子束直写光刻

电子束直写光刻利用尺寸非常小的电子束在光刻胶上直写，不需要掩模版，可以用电

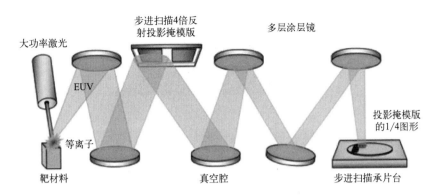

图 5-44　极紫外光刻技术

磁场聚焦，易于控制，现在常用于掩模版的制作。

（4）紫外纳米压印光刻

紫外纳米压印技术是一种高产能、低成本、高分辨率的光刻技术。图形的分辨率直接决定于掩模版的分辨率。主要工艺过程为：掩模版制作、硅衬底滴胶、压印、曝光、脱模、反应离子蚀刻。紫外纳米压印技术的图形精度可以达到 5nm。

（5）双重图形光刻

双重图形光刻是一种将设计版图分成两套独立的、密度低一些的掩模版以降低光刻图形间距要求的技术。其基本步骤是先印制一半的图形、显影、刻蚀。然后重新旋涂一层光刻胶，再印制另一半的图形，最后利用硬掩模或者是选择性刻蚀来完成整个光刻过程。

5.3.3.3 刻蚀

刻蚀（etching）工艺是将光刻后未被光刻胶覆盖保护的、光刻胶未被溶解的那部分薄膜层以化学或物理的方法去除，从而完成将掩模上的图形转移到薄膜上。刻蚀的重点是要在硅片表面形成所需要的由各种（薄膜）材料组成的图案。在集成电路的制造过程中，常常需要在晶片上做出微纳米尺寸的图形，而这些微细图形最主要的形成方式是使用刻蚀技术将光刻技术所产生的光刻胶图形，包括线、面和孔洞，准确无误地转印到光刻胶底下的材质上。图 5-45 中，（a）为光刻曝光后在硅片表面形成的三维图形，（b）、（c）分别为蚀刻前、后的衬底。

光刻工艺后，被曝光的光刻胶部分具有强的抗腐蚀性，已经在显影液中被溶解洗除。而抗腐蚀性弱的光刻胶部分在接下来的刻蚀工艺里被洗去。刻蚀工艺有湿法刻蚀、干法刻蚀、剥离技术与 CMP 技术。现代刻蚀工艺主要采用干法刻蚀技术，包括等离子刻蚀、反应离子刻蚀、溅射刻蚀等工艺[63]。

刻蚀指标包括刻蚀速率、均匀度、选择比、蚀刻偏差、刻蚀成本、蚀刻剖面。

最常见的刻蚀设备是使用平行板电极的反应器。Lam 和 AMAT 两大公司占据了绝大部分刻蚀设备市场。

经过几次光刻与蚀刻步骤，在晶圆表面叠加成多层不同图像。

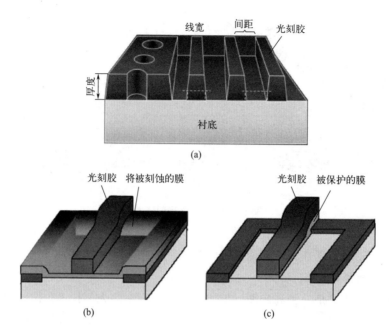

図 5-45 光刻后的三维图形（a）、蚀刻前的衬底（b）和蚀刻后的衬底（c）

5.3.3.4　薄膜生长与淀积

集成电路的薄膜生长与淀积分为前端工艺（FEOL）和后端工艺（BEOL）。前端工艺用于制作各类有源及无源器件，如金属-氧化物-半导体场效应晶体管（MOSFET）、电容、MEMS 传感器等；后端工艺负责器件之间、模块之间、系统之间的金属连线系统。

集成电路常用的有三类薄膜：金属薄膜、半导体薄膜和绝缘薄膜。其分别实现器件之间的互连、半导体器件的结构制作和器件之间相互隔离等功能。

在硅片的衬底上，用溅射、氧化、外延、蒸发、电镀等技术制成绝缘体、半导体、金属及合金等材料的薄膜。这种工艺就是薄膜淀积工艺和薄膜生长工艺。

薄膜淀积是为了在制造集成电路时形成导线、接触电极等结构。淀积通常不改变衬底材料的厚度及晶向状态，只在衬底材料上（硅晶片表面）叠加多层其他材料（如铝或铜）。薄膜淀积方法包括 CVD 与 PVD[64]。

不同于薄膜淀积技术，薄膜生长技术所生成的薄膜需要依托特定的衬底来完成，主要有氧化和外延两种技术。氧化生长是在硅片表面处氧化剂与硅原子发生反应，生成新的 SiO_2 层，使 SiO_2 膜不断增厚。外延生长是在单晶衬底（基片）上生长一层满足一定要求的、与衬底晶相同的单晶层，犹如原来的晶体向外延伸了一段。

5.3.3.5　离子注入与掺杂

半导体器件的工作特性离不开在纯净半导体中掺入少量杂质（如在硅原子中掺入硼原子），生成相应的 P、N 类半导体，这一工艺称作掺杂。离子注入就是一种掺杂技术。离子注入是将具有高能的杂质离子射入半导体衬底中。掺杂分为两个步骤：离子注入和退火再分布处理。离子注入是通过高能离子束轰击硅晶片表面，在掺杂窗口处，杂质离子被注入硅本体中。离子注入可能会将原来排列合理的原子替换或排挤出其原来的位置，所以还需进行退火处理，使进入硅中的杂质离子在一定的位置形成再分布。

5.3.4　集成电路的封装测试

集成电路的封装测试工艺步骤依次为：晶圆测试、封装、成品测试。

晶圆测试和成品测试都是集成电路芯片测试不可缺少的部分，目的是运用各种方法，检测出那些不符合要求的产品，保证芯片在恶劣环境下能完全实现设计规格书所规定的功能及性能指标，有效提高芯片良率。

芯片良率是每个硅片上合格的芯片数与此硅片全部的芯片数量的比值。良率越高，芯片的成本就越低，利润也就越高。

集成电路的制备是极其复杂的生产过程，要经历几百道工序。其中任何一道工序造成的偏差（如尘粒、氧化层不均、掺杂浓度不当、多晶硅厚度不均、离子注入造成的晶格损伤、设备故障、参数变化等），都可能导致各种不同电性参数的异常，导致系统功能参数的偏差和失效。在芯片良率测量之前首先需要对整个晶圆进行基本的初期电学测量。只有晶圆的电学测量指标合格之后才可以测量晶圆上的芯片良率，芯片良率决定了该晶圆上有哪些合格芯片可以被送去封装。

5.3.4.1　晶圆测试

（1）晶圆电参数测量

电参数测量产生的数据构成建立和检验各种计算与预测模型正确性的基础数据库。电参数测量也为产品的电路和版图设计建立基本的依据和规则。

电参数测量通过自动探针台和综合电参数测试系统按照测试程序自动完成，包括探针自动对准与移动，各类电压电流信号源的控制和测量数据采集等。探针台通常配有标准的多探针卡和移动控制系统，并配有各自分立的有源探测端口，可自动对准和移动并高效地测量晶圆片上 9～12 个位置的 PCM（工艺控制监控）电参数。

（2）芯片良率的测量

只有经电学测量合格的晶圆才可以进行下一步良率的测量。良率的测量比电学测量要复杂得多。通常硅片上可以集成几十到几千个具有独立功能的集成电路芯片单元（die），良率测量是集成电路芯片在切片和封装前采用探针对晶圆上的集成电路芯片进行综合的参数测量，以筛查出不合格的芯片单元。测量的信息会被存储在一个文件中，供切片与筛选使用。

测量的主要设备是探针台（probe）、探针卡（probe card）和测试机（tester）。探针卡如图 5-46 所示。探针卡具有精细且良好导电性的探针，能实现测试机与晶圆焊盘之间电气的连接。探针卡的主要作用是承载晶圆，让晶圆内芯片的每个焊盘都能连接到探针卡的探针上。每测试完一个芯片，断开接触，并移动晶圆到下一个芯片位置。再次连接探针卡上的探针，记录每颗芯片的测试结果。

晶圆良率测量系统包含测试系统、测试板、测试程序和测试环境。

测试系统包括多种电源、计量仪器和信号源。它通过测试机、探针台与集成电路芯片相连接。然后运行测试程序，给芯片提供合适的电压、电流、时序与功能输入，监测芯片

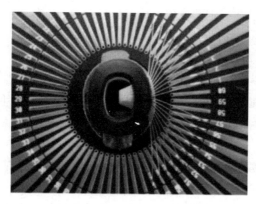

图 5-46　探针卡

的输出响应。将输出结果和预期值进行比较，以判断晶圆上的芯片是否合格。最后将不合格的芯片打点标记。测试程序通常包括直流参数测试、功能测试和动态反应测试三种类型。

晶圆测试一般采用自动测试设备（ATE）。ATE 由测试机台、载板（load board）、探针卡、分选机（handler）和测试软件等部分组成。图 5-47（a）为自动化测试工艺流程，（b）为自动化测试设备[65]。

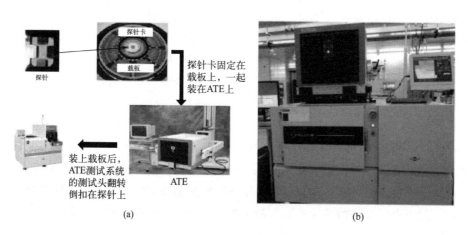

图 5-47　晶圆测试工艺流程（a）和 ATE（b）

（3）晶圆检查

晶圆硅片检查主要技术指标有尺寸（如直径、厚度）、晶向、电阻率、平整度、缺陷密度等，还包括外延层的生成和检查，主要是晶圆表面检查。晶圆表面检查的内容包括一般表面缺陷和污尘检查、厚度变异、阻值测量等。

完成晶圆测试、检查的步骤后，将晶圆包装后交给封装厂进行封装。

5.3.4.2　封装

集成电路的封装通常分为五个级别。零级封装实现芯片上的互连；一级封装是器件级封装；二级封装是 PCB 板级封装；三级封装是分机柜内母板的组装；四级封装是分机柜的组装。通常讲的集成电路封装是指"一级封装"。

从工艺上讲，集成电路封装包括薄厚膜技术、基板技术、微细连接技术及封装技术四大基础技术。

从材料上讲，集成电路封装包括各类材料，如焊丝、框架、金属超细粉、玻璃超细粉、陶瓷粉材、表面活性剂、有机黏结剂、有机溶剂、金属浆料、导电填料、感光性树脂、热硬化树脂、聚酰亚胺薄膜、感光性浆料，还有导体、电阻、介质以及各种功能用的薄厚膜材料等。

从设计、评价、解析技术上讲，集成电路封装涉及膜特性、电气特性、热特性、结构特性及可靠性等方面的分析评价和检测。

集成电路芯片的封装类型有气密性封装和树脂封装两大类。气密性封装又可分为金属封装、陶瓷封装和玻璃封装。

芯片封装是一种利用薄厚膜技术及微细连接技术，将半导体元器件及其他构件在框架或基板上布置、固定及连接，引出接线端子，并通过塑性绝缘介质灌封固定，构成整体主体结构的工艺。芯片封装主要有电气特性的保持、芯片保护、应力缓和及尺寸调整配合四大功能，它的作用是实现和保持从集成电路器件到系统之间的电路连接和物理连接。封装的目的是与外部温湿度等环境隔绝，起保护和电气绝缘以及向外散热及应力缓和的作用，并方便与外部电路连接。

集成电路芯片的封装工艺流程依次为：硅片减薄、硅片切割、芯片贴装、芯片互连、成型技术、去飞边毛刺、切筋成型、上焊锡、打码。

芯片封装就是采用某种连接方式把晶圆片上的管脚与引线框架、封装壳或封装基板上的管脚相连。芯片封装很重要的步骤就是将芯片和封装体进行芯片互连，也就是将芯片上的焊盘与引线框架用金属连接起来。

三种常见的芯片互连技术：引线键合（WB）、载带自动焊（TAB）和倒装焊（FC）。WB 工艺使用细金属引线与基板焊盘紧密焊合，实现芯片与基板间的电气互连。TAB 工艺是将集成电路芯片上的焊点（预先形成凸点）同载带上的焊点通过引线压焊机自动地键合在一起。FC 工艺则是将芯片面朝下与封装外壳或布线基板直接互连。WB 一直是芯片互连的主流技术。

芯片封装的重要技术指标是封装后的芯片管脚间距和密度（芯片封装技术越来越先进，管脚间距越来越小，管脚密度越来越高，对温度变化的耐受性越来越好，可靠性越来越高）、芯片与封装面积的比例以及芯片占用的印制电路板的面积。从早期的双排引脚封装（DIP），到当前主流的芯片尺寸封装（CSP），芯片与封装的面积比可达 1∶1.14，十分接近 1∶1 理想值。而更先进的多芯片封装（MCP）和系统内封装、晶圆级封装（WLP），从平面堆叠到垂直堆叠，芯片与封装的面积相同，进一步提高了芯片的性能。

WLP 是后道封装最重要的技术发展方向。目前有两种流行的芯片封装技术：SiP 是多功能组件的集成封装技术；叠层芯片封装技术（3D）是在同一个封装体内芯片在垂直方向叠放两个及以上芯片的封装技术。相比于这两种封装技术，WLP 则是大量裸芯片在同一衬底上的一次性封装成型，其尺寸与芯片的尺寸相同，是最小的微型表面贴装器件[66]。

晶圆级封装直接在晶圆片上同时对众多芯片进行封装、测试，其封装全过程都在圆片生产厂内完成，是真正意义上的批量生产芯片的封装技术。

5.3.4.3 成品测试

晶圆探针测试后要对合格的芯片进行封装。封装过程包括芯片单元切割、芯片黏附、引线键合、灌胶、引脚成型等过程。在此过程中的缺陷也会造成次品。所以在封装工艺完成后，要按照测试规范对成品芯片进行全面测试。

集成电路成品测试是确保产品良率和成本控制的重要环节。集成电路成品测试是指成品测试工厂基于测试机、分选机等成品测试设备，编写相应的测试程序，对集成电路成品进行功能和性能方面（如速度、容忍度、电力消耗、热力发散等）的检测，尤其是晶圆测试中无法测试的内容。通过对输出响应和预期进行比较，以判断是否合格。根据测试结果挑选合格产品，或根据测试的性能参数对产品进行分级，或统计各级电路数量及其相应的性能参数用于质量监控和生产计划管理。

常规测试项目包括电学测量和可靠性测试等。电学测量包括接触测试，逻辑功能测试，器件电流、电压、漏电流测试等。可靠性测试包括加速寿命测试、失效时间与失效率测量。

加速寿命测试是在较高电流和温度条件下，通过测量互连样品电阻随时间的变化，求解累积失效分布得到失效中位寿命。失效时间与失效率测量是通过加速试验得到的加速系数和失效机理模型，推算出实际的平均失效时间（MTTF）。图 5-48 为集成电路成品测试的测试设备，分别为晶圆测试用的探针台、成品测试用的测试机。

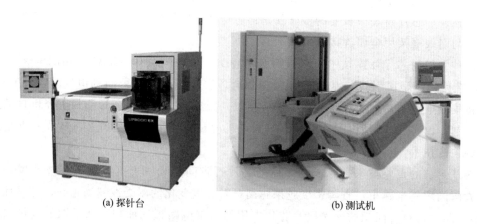

(a) 探针台　　　　　　　　　　(b) 测试机

图 5-48　集成电路测试设备

5.3.5　集成电路的发展趋势

随着移动互联、云计算、物联网为代表的新兴领域的高速发展，电子技术正在向着低碳、低能耗、复杂化、智能化、网络化和移动化的方向发展。电子电路的集成度已经超过百亿个晶体管，制程工艺进入了 2nm 时代，3D 晶体管、光存储器件、纳米材料、超导材料、量子技术的出现，给穿戴设备、智能手机和各种智能化设备的发展带来革命性的影响，主要体现为以下方面。

① 微型化：2nm 及以下超高集成度制程工艺芯片的应用。

② 集成电路与多学科融合：AI 人工智能芯片、脑机接口芯片、量子芯片、TSV 三维集成电路已成为未来神经形态计算技术发展的一个趋势。

③ 创新材料：MRAM（磁性随机存取存储器）、忆阻器等新型磁性、阻变材料的出现带来了高性能磁性存储器；碳纳米管、石墨烯等碳基材料为柔性电子提供了更好的材料选择。

④ 异质集成：在同一衬底上外延集成具有多种材料和结构的器件。

⑤ 计算架构呈现开源、异构化：计算存储一体化提高了计算的并行度和能效；软硬系统垂直整合；开源 SoC 芯片设计、智能封装系统技术、高级抽象硬件描述语言和基于 IP 的模块化芯片设计方法将取代传统芯片设计模式，高效应对未来快速迭代、定制化与碎片化的芯片需求[67]。

集成电路是关系国民经济和社会发展的基础性、先导性和战略性产业。当前，国际环境日趋复杂，百年变局，中美之间持续升级的大国博弈和不断深化的利益脱钩对全球集成电路产业链格局产生了深远影响。美国对外不断采取"小院高墙"政策，2022 年出台《芯片和科学法案》，联手日本、韩国以及中国台湾地区组建"四方芯片联盟"，遏制中国集成电路领域关键科技的进步。

一方面美国试图通过控制欧洲、日本、韩国和中国台湾在集成电路工艺、封装、设备、材料、AI 芯片以及存储器等领域的关键资源、关键技术和关键供应链，将中国集成电路产业孤立在全球供应链体系之外，由此破坏当前以中国为核心的数十万亿产值规模的电子信息制造产业链，动摇中国制造大国地位。另一方面，美国通过不断升级对华制裁和禁运，在 AI 芯片、存储设备、14nm 及以下先进工艺设备、先进 EDA 工具等领域进行围追堵截，同时阻断我国跟欧洲、日本、韩国等进行尖端技术合作，实现在尖端技术领域与中国"精准脱钩"[68]。

面对挑战，我们需要积极探索建立新型举国体制，全力解决"卡脖子"领域的关键技术自主化、国产化问题，如先进工艺、光刻机及关键设备、先进 EDA 工具、关键半导体材料等领域的技术攻关；强化前沿新技术领域的"内源式"创新能力，支持新技术和新工艺的研发，如在芯粒、硅光、异质集成、RISC-V 等方面积极布局；全力保障国产集成电路制造供应链的安全稳定发展。

参考文献

[1] Max Kanat-Alexander. Understanding Software [M]. Birmingham: Packt Publishing, 2017.

[2] 何介钧. 马王堆汉墓[M]. 北京: 文物出版社, 2004.

[3] 王震. 国潮兴起下老字号品牌的发展战略[J]. 中国商论, 2023(13): 60-62.

[4] 王觉非. 欧洲历史大辞典[M]. 上海: 上海辞书出版社, 2007: 759.

[5] 大卫·克里斯蒂安, 辛西娅·斯托克斯·布朗, 克雷格·本杰明. 大历史[M]. 刘耀辉, 译. 北京: 北京联合出版公司, 2016.

[6] 张光直. 中国青铜时代[M]. 北京: 生活·读书·新知三联书店, 2013.

[7] 威廉·麦克尼尔. 世界简史[M]. 施诚, 赵婧, 译. 北京: 中信出版集团, 2019.

[8] 吴小红, 张弛. 江西仙人洞遗址两万年前陶器的年代研究[J]. 南方文物, 2012(3): 1-6.

[9] 《中国青铜器全集》编辑委员会. 中国青铜器全集[M]. 北京: 文物出版社, 1996.

[10] 佟洵, 王云松. 国家宝藏: 100件文物讲述中华文明史[M]. 成都: 四川人民出版社, 2018.

[11] 丹尼尔. 科学史[M]. 李珩, 译. 北京: 中国人民大学出版社, 2017.

[12] 张巨松. 混凝土学[M]. 哈尔滨: 哈尔滨工业大学出版社, 2011.

[13] 杨君, 周卫荣. 中国古代翻砂铸钱起源年代考——以钱币铸造痕迹为中心[J]. 中国钱币, 2017(6): 3-10.

[14] 李赋屏, 周永生, 黄斌, 等. 铜论[M]. 北京: 科学出版社, 2012.

[15] 徐得娜, 阚颖浩, 林盈君, 等. 中国古代青铜器失蜡法铸造之辩论[J]. 东方考古, 2021(1): 224-245, 371.

[16] 董亚巍. 从范铸结构看司母戊鼎的铸造工艺[J]. 文物鉴定与鉴赏, 2012(10): 68-72.

[17] 杨欢. 中国青铜时代失蜡法百年研究史略论[J]. 中国科技史杂志, 2021, 42(1): 136-149.

[18] 周卫荣. 失蜡工艺的起源与失蜡铸造的工艺特征——兼谈失蜡工艺问题研究的进展与意义[J]. 南方文物, 2009(4): 39-45.

[19] 中国机械工程学会铸造分会. 铸造手册铸造工艺分册[M]. 北京: 机械工业出版社, 2020.

[20] 黄乃瑜. 消失模铸造原理及质量控制[M]. 武汉: 华中科技大学出版社, 2004.

[21] 张立同, 曹腊梅, 刘国利, 等. 近净形熔模精密铸造理论与实践[M]. 北京: 国防工业出版社, 2007.

[22] 刘志明, 王平原, 李杰. 压力铸造技术与应用[M]. 天津: 天津大学出版社, 2010.

[23] 陈维平, 李元元. 特种铸造[M]. 北京: 机械工业出版社, 2018.

[24] 周建新, 计效园. 铸造企业数字化管理系统及应用[M]. 北京: 机械工业出版社, 2020.

[25] 业界资讯[J]. 中国铸造装备与技术, 2008(6): 61.

[26] 单忠德. 无模铸造[M]. 北京: 机械工业出版社, 2017.

[27] 赵升吨. 高端锻压制造装备及其智能化[M]. 北京: 机械工业出版社, 2019.

[28] 世界第一8万吨模锻机启动[EB/OL]. (2012-12-15) [2024-10-21]. https: //www.guancha.cn/Science/

2012_12_15_114387. shtml.

[29] 主题成就展·重庆连线 | 展区唯一圆形沙盘背后的"双城记"故事[EB/OL]. (2022-09-28) [2024-10-21]. https: //www. cqcb. com/highlights/2022-09-28/5041110_pc. html.

[30] 汪苏, 李晓辉, 白小梅, 等. 中国古代青铜器中焊接技术研究[C] //第五届中日机械技术史及机械设计国际学术会议.

[31] 蔡秋彤, 董子俊. 东周青铜马衔的套接工艺及范铸模拟实验[J]. 铸造, 2018, 67(8): 703-706.

[32] 虞钢, 何秀丽, 李少霞. 激光先进制造技术及其应用[M]. 北京: 国防工业出版社, 2016.

[33] 中山秀太郎. 世界机械发展史[M]. 石玉良, 译. 北京: 机械工业出版社, 1986.

[34] 斯塔夫里阿诺斯. 全球通史——1500 年以前的世界[M]. 吴象婴, 梁赤民, 译. 上海: 上海社会科学院出版社, 1999.

[35] 陆敬严. 中国古代机械文明史[M]. 上海: 同济大学出版社, 2012.

[36] 张策. 机械工程史[M]. 北京: 清华大学出版社, 2015.

[37] 梁桂明, 林维盛, 杨舰, 等. 中国古代和中古代机械史探源方法的研究及展望[C] //第二届中日机械技术史国际学术会议论文集.

[38] 浙江省文物局. 新石器时代跨湖桥文化漆弓[EB/OL]. (2021-07-05) [2024-10-21]. http: //wwj. zj. gov. cn/art/2021/7/5/art_1665719_58876428. html.

[39] 中国机械工程学会. 中国机械史(技术卷)[M]. 北京: 中国科学技术出版社, 2014.

[40] 中国大百科全书总编辑委员会. 中国大百科全书[M/OL]. 第三版网络版(2022-05-08) [2024-10-21]. https: //www. zgbk. com/ecph/words? SiteID= 1&ID= 75617.

[41] 开启工业化梦想——第一个五年计划的编制与实施[EB/OL]. (2021-11-29) [2024-10-21]. http: //theory. people. com. cn/n1/2021/1129/c40531-32294021. html.

[42] 宋应星. 天工开物[M]. 周邵刚, 译. 重庆: 重庆出版社, 2021.

[43] 谢广明, 孔祥战, 何宸光. 机器人概论[M]. 哈尔滨: 哈尔滨工程大学出版社, 2013.

[44] 董仁威, 尹代群. 机器人世界[M]. 合肥: 安徽教育出版社, 2014.

[45] 全球百科. 电感器[Z/OL]. (2024-04-07) [2024-10-21]. https: //vibaike. com/103735/.

[46] 孙灿. 半导体高端制造专题报告: 半导体封装基板行业深度研究[R]. 川财证券研究报告, 2020.

[47] 李振亚, 赵钰. SIP 封装技术现状与发展前景[J]. 电子与封装, 2009, 9(2): 5-10.

[48] 陆燕菲. 集成电路封装技术现状分析与研究[J]. 电子技术, 2020, 49(8): 8-9.

[49] 高鹏毅, 陈坚. 电工电子实习指导书[M]. 上海: 上海交通大学出版社, 2016.

[50] 林宇龙, 王明渊, 李冰, 等. 风力发电机组的发展及其新控制技术综述[C] //中国电力科学研究院. 2017 智能电网新技术发展与应用研讨会论文集.

[51] 于静, 车俊铁, 张吉月. 太阳能发电技术综述[J]. 世界科技研究与发展, 2008, 30(1): 56-59.

[52] 国家能源局. 国家能源局发布 2022 年全国电力工业统计数据 [Z/OL]. (2023-01-18) [2024-10-21]. http: //www. nea. gov. cn/2023-01-18/c_ 1310691509. htm.

[53] 闵钢. 2019 年全球 IC 设计业、晶圆代工业与封装测试业的发展状况分析[J]. 电子技术, 2019, 48(1): 8-12.

[54] 戴澜, 张晓波, 陈铖颖, 等. CMOS 集成电路 EDA 技术[M]. 北京: 机械工业出版社, 2017.

[55] 雷鑑铭. 集成电路设计基础[Z/OL]. (2024-08-25) [2024-10-21]. https: //www. icourse163. org/course/HUST-1003410006.

[56] 程玉华. 纳米 CMOS 工艺下集成电路可制造性设计技术[J]. 中国科学(E 辑: 信息科学), 2008, 38(6): 968-978.

[57] 周哲, 付丙磊, 董天波, 等. 半导体工艺与制造装备技术发展趋势[J]. 电子工业专用设备, 2022, 51

（4）：1-7，11.

[58] 张振哲．现代芯片制造技术的发展趋势展望[J].集成电路应用，2020，37(6)：22-23.

[59] 胡晓明，周文清，张辉．现代集成电路制造工艺[M].活页式．成都：西南交通大学出版社，2022.

[60] 张亚非，段力．集成电路制造技术[M].上海：上海交通大学出版社，2018.

[61] 温德通．集成电路制造工艺与工程应用[M].北京：机械工业出版社，2018.

[62] 李晓婷．集成电路制造中刻蚀工艺的仿真模型研究[D].北京：北方工业大学，2020.

[63] 陈杰．集成电路制造工艺探析[J].中国战略新兴产业，2018(28)：224-225.

[64] 吕坤颐，刘新，牟洪江．集成电路封装与测试[M].北京：机械工业出版社，2019.

[65] 云振新．圆片级封装技术及其应用[J].电子与封装，2004，4(1)：19-23.

[66] 朱晶．集成电路前沿技术趋势研判及对北京的启示[J].电子技术应用，2021，47(12)：51-56，63.

[67] 朱晶．《2022芯片与科学法》对我国集成电路产业的影响和建议[J].电子技术应用，2022，48(9)：32-38.